时装手绘

西班牙高等艺术院校专业绘画课程

李维一 译

U0321756

人民美术出版社

Original Spanish Title: Dibujo para diseñadores industriales

© PARRAMON EDICIONES, SA - Spain – World Rights

This simplified Chinese translation edition arranged through THE COPYRIGHT AGENCY OF CHINA

著作权合同登记号：01-2013-6415

图书在版编目（ＣＩＰ）数据

时装手绘 /（西）安赫尔·费尔南德斯，（西）加布
里埃尔·马蒂·罗格著；李维一译。—— 北京：人民美术出
版社，2016.9

西班牙高等艺术院校专业绘画课程

ISBN 978-7-102-07573-0

Ⅰ.①时… Ⅱ.①安… ②加… ③李… Ⅲ.①时装－
绘画技法－高等学校－教材 Ⅳ.①TS941.28

中国版本图书馆CIP数据核字（2016）第221753号

时装手绘

编辑出版　人民美術出版社

（北京北总布胡同32号　邮编：100735）

http://www.renmei.com.cn

发行部：（010）67517601　（010）67517602

邮购部：（010）67517797

翻　　译	李维一	
责任编辑	陈　林	
装帧设计	张芫铭	
责任校对	马晓婷	
责任印制	赵　丹	
制版印刷	浙江影天印业有限公司	
经　　销	全国新华书店	

版　次：2016年10月　第1版　第1次印刷

开　本：710mm×1020mm　1/16

印　张：12

印　数：0001—5000册

ISBN 978-7-102-07573-0

定　价：58.00元

如有印装质量问题影响阅读，请与我社联系调换。

Text:
GABRIEL MARTÍN ROIG
Drawings:
ÁNGEL FERNÁNDEZ
GABRIEL MARTÍN ROIG
ANNA VILA
Photographies:
Nos & Soto

时装手绘

DRAWING
FOR
FASHION
DESIGNERS

李维一 译

人民美术出版社

北京

目　录

前言

时装设计是向公众展示个人外表的艺术，可以打造个人形象，尽管也有心理和文化的作用，甚至受政治和哲学的影响。一个精心经营的衣柜可以让一个人引人注目，提升个人形象。时装设计师的工作就是扩展衣柜，使其丰富多样，条理规整，细节多变。时装设计的主要目的，就是渲染一个人潜藏在外表下最夺目、最惊艳的气质和气场。仅仅重复再现的设计或式样是不够的，相反，设计需要不断改变、更新风格，永远包含一种惊艳的元素。

正是不断地创新，才使时装设计成为辅助个人、表达自由和艺术创造的工具。

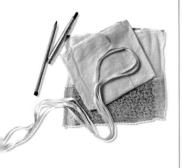

"时尚是艺术吗？这个问题多年前就被提出来了。但是，这跟时尚本身没有关系。实际上，跟电影、绘画、音乐、文学、诗歌等形式一样，当一个艺术家创造时尚的时候，它就是艺术。"

皮埃尔·贝尔热
《大众时尚》

同其他艺术学科一样，绘画对于时装设计师也是必不可少的创作过程，准备阶段的草稿作品有助于厘清对结构的最初创意和构想。的确，有些设计师直接在模特儿身上设计，但是，很少有人事先不做草稿。纸面上铅笔的划痕和色彩区域是发挥想象力的小助手。绘画是艺术实践必不可少的一部分，只有在坚实的基础上设计师才能做出有创意的作品。绘画功底越强的设计师交流能力越强，越能形象视觉化地去展现其创意。

如果你愿意学习时装设计的绘画语言，并熟悉相关美术材料，找到恰当的方法来表现与你的思维吻合的设计。

绘画能表达独特的风格，是设计师获得灵感的工具，也可用于一般的时装刊物、杂志和广告当中。同其他艺术创作技巧步骤类似，时装设计的绘画也有能提供实用信息的技艺特征，图像将成为工业成衣的起点。创意是艺术家的内功，但是，要掌握时装绘画的技巧，就需要接受系统的指导训练。

本书旨在将绘画的"技艺"传授于初入该领域的人，包括时装设计师和插画师，以及任何对流行时尚感兴趣的人。读者会逐步熟悉时装设计创意阶段中的绘画步骤和技巧；了解人物轮廓，构造时装轮廓，选择绘画材料和上色，以及布料的表现方式。本书遵循时装设计学校课程大纲的结构，创意主题和动手练习都配以插画、相片和实例，帮助你克服设计中会出现的困难。

安赫尔·费尔南德斯

毕业于西班牙毕尔巴鄂市兰卡时装设计学院时装设计专业。他在毕尔巴鄂复制艺术品博物馆学习绘画。研究生就读于伦敦中央圣马丁学院，主攻女装设计。在二十余年中，他将专业的设计实践（效力于诸如 Mid-e、Divinas Palabras and Manuel Albarán等时尚公司）与在时装插画学校的教学经验相结合。1998年起，他被聘为巴塞罗那嘉泰隆时装学院教授。

加布里埃尔·马蒂·罗格

巴塞罗那大学艺术专业学士，主攻绘画。巴塞罗那大学地理与历史学院艺术史、社会人类学及美洲非洲历史系博物馆学、艺术作品管理、民族与文化遗产学硕士。研究生期间与卡西亚（La Caixa）银行巴塞罗那基金会研究当代艺术展览协作问题。著有艺术技巧、艺术与建筑遗产史方面的书籍，并在艺术学校任教。

选择和使用材料

"设计师应该是剪裁的建筑师、形态的雕刻家、颜色的绘画家、调和的音乐家以及风格创造的哲学家。"

——克里斯托瓦尔·巴朗斯加

铅笔、

安赫尔·费尔南德斯
上衣和半裙设计，2004，
石墨铅笔、签字笔、水彩绘制。

颜料及纸张

　　熟悉你的绘图材料，可以帮助你更好地诠释设计，提高对设计特征的表现效果，体现材质和样式，而且，能帮助你体现能量感。这些可以使你的最终设计更好理解，与受众者更好地交流。时尚设计中可以采用的工具有很多。这一章我们将探讨领域内专业人士最常用的工具，从各方面学习并直接运用到设计上。更好地掌握材料工具的运用，绘制才能更好。

不同程度的石墨铅笔表示颜色的深浅，"B"表示深灰，"H"则表示较浅色调。

石墨铅笔

提到绘画，最先想到的工具几乎都是铅笔，铅笔从硬到软分为不同的等级。要用线条描绘单色物体、强调轮廓，最好的工具就是铅笔。

干净的笔画

开始绘画时，不论模特儿是什么，铅笔是最直接、最简单的工具。铅笔芯是由一种天然的铅灰色碳物质做成的。这种材料很光滑，也容易擦掉，能够画出干净、清晰的线条。用铅笔的时候只需要削一下就可以了。

笔画的强度

铅笔笔画的强度和表现力取决于两个因素：绘画时使用的力度和铅笔的硬度。

每只铅笔上刻的字母代表了它的硬度。颜色最淡的铅笔刻有字母"H"，等级最高为"9H"。这些铅笔可以用在素描的第一步。设计师偏爱从"B"到"6B"的铅笔，因为通过控制绘画的力度，既能画出色浅而轻柔的笔画，也能画出深色强烈的线条，这样，这些笔画就有自己的特点。

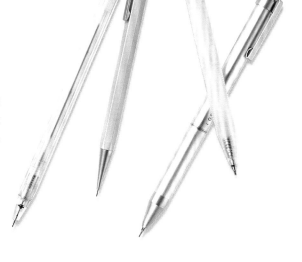

自动铅笔线条精致，适合素描或记录细节。

虽然不常在时装设计中应用，但是，柱状、方形、多边形的石墨棒有多种粗细，可以迅速画出阴影。

铅笔勾画人物

铅笔在设计的最初步骤，是用来分区域、分解人物构图。一般来说只用线条就能完成。如要呈现更好的侧笔写生人物的线条，设计师应修饰线条的粗细，丰富多样元素，打破均质线条，因此，铅笔的角度也非常重要，笔锋越倾斜，线条就越粗。

用自动铅笔

机械铅笔或自动铅笔，可以按出适量的铅芯。在设计的不同阶段有不同的用处。0.5mm铅芯可以在笔记本上勾勒、记录想法，而0.3mm到0.9mm铅芯可以提升细节的质量和准确性。自动铅笔不用削尖，同普通铅笔一样，铅芯也有各种深浅。

铅笔适合画线条轮廓，对于勾勒人物和衣物非常重要。

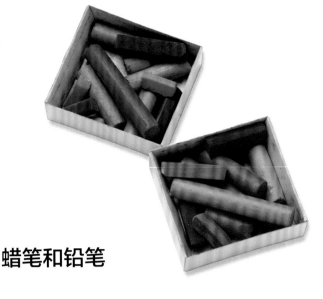

蜡笔和铅笔

蜡笔和硬质铅笔

蜡笔是由碾碎的干颜料和黏合剂混合成的一种颜料，干燥硬化后形成蜡笔或者颜料棒。这种粉蜡笔的成分几乎只有颜料，没有其他物质，最容易画出纯色的材料。硬质铅笔是由粉笔混合胶剂和油制成的，这种笔可以画出厚重紧密的线条。

软硬蜡笔

根据黏合剂分量的不同，蜡笔的软硬程度也不同。软蜡笔是很易碎的圆柱棒，使用中很容易碎掉，在纸上会留下很重的斑点，这种软粉彩蜡笔可以画出丰富的效果。硬蜡笔一般是更细的方形条柱，跟粉笔的软硬度差不多，但是由于黏合剂含量更多，质地更加密实。可以和软蜡笔和硬质铅笔结合使用。这种硬粉彩蜡笔画起来更干净，不会掉屑，比软蜡笔绘画更好成形。

软蜡笔多是易碎的圆柱形。硬蜡笔绘画持久度更高、黏合剂多。硬蜡笔多是方形条柱状。

毡头笔的线条能凸显出人物的形象，而用蜡笔可以在素描的基础上增加强烈的色彩。

蜡笔的色彩饱满、深沉，同颜料色调非常接近。

如何用蜡笔

　　蜡笔可以画线、画点，但专业设计师通常柔和地处理这两种技法，获得天鹅绒表面的颜色效果。最好用手指在纸面上渲染阴影、处理颜色，或者用碎布作图，直接用颜料在纸面上点触。这样就会使不同的颜色直接混合在纸上，画出阴影和温和的颜色转换。柔和的或烟熏的色调，配合线或者强烈阴影线条，将呈现出生动的形象。

硬质铅笔或粉笔

　　硬质颜色可用于涂抹，类似于炭笔效果。硬质铅笔的硬度既可画细线，也可填充色调区域，可以配合蜡笔棒。为迅速填满大面积色彩区域，蜡笔平铺，配合硬质铅笔或粉笔勾勒人物，或用强烈的线条突出人物。

蜡笔的两种基本方法：配合晕染线，或者采用渲染层次的方法混合纸上的颜色。

粉笔或康迪铅笔的线条粗重。黑色常用来勾勒，白色用于高光。

粉笔或硬质铅笔的笔画厚重浓烈。黑色是画轮廓最常用的颜色，白色则多用来画明亮或高光部分。

彩铅可以绘出精细、生动的彩色线条。彩铅干净，不需要维护，只要时常削尖，与普通铅笔并无太大差异。只要记住彩铅线条不能弄脏，奶油状浓稠度意味着颜色不能完全被擦除。

许多设计师喜欢多样的颜色，以避免在纸上出现混合阴影。

彩铅

增加彩图细节

彩铅的用途介于手绘和着色之间，用彩铅的艺术家手绘时也可上色。这对营造画面立体感，或表现设计的质量和颜色非常理想。用彩铅能大量补充画面的细节。

小型设计的理想选择

彩铅不适合大型设计，在小型或中型设计中优势较大，因为彩铅铅芯较小且柔软，不适合绘制大面积区域。尽管如此，铅笔线条精细，可以用于绘制真实展现织物折痕、阴影和格调的手绘图。

彩铅有益于辅助学习衣物格调的设计。

用水溶性的彩铅画出水彩效果，只需将刷子蘸水轻扫纸面。

彩铅与传统石墨铅笔用法相似，前者在素描基础上加了色彩。

彩铅种类

彩铅分两种：传统彩铅与油性彩铅。传统彩铅更硬，线条略暗。油性彩铅颜料比重更大，线条色彩更强烈，可以画出更深、更饱满的颜色。其唯一的缺点就是笔尖较脆弱，不耐用。

水彩笔

对时装设计师来说，水彩笔比传统的铅笔更实用。虽然组成的成分类似，水彩笔有可溶性黏剂，遇水溶解。湿润的刷子扫过彩色区域，晕线就能溶解，水彩画的技巧就能应用在手绘中了。

彩色铅笔的使用方法与传统的石墨铅笔相似。只是，彩色铅笔画的草图是彩色的。

彩铅迅捷便利，增添插画精细、高质的效果。

做时装设计师，需要全套色彩和各种类型的毡头笔。

毡头笔和马克笔

使用毡头笔是非常时尚的手绘技巧，特别适合插画或广告设计。毡头笔使用过程与彩铅类似，两者结合效果惊艳。

打印画

在电脑出现之前，毡头笔常被画家和装潢设计师用来创造近似打印画的效果。毡头笔磨光的效果干净精细，轮廓明朗，能做类似照片的效果。这是因为在毡头笔的聚酯笔尖上的小洞，可以顺畅地流出墨水，颜色一致、饱满，色调统一。

多种笔尖

毡头笔有锥形头、圆柱头、平头、刷子头。细毡头笔特别适合勾勒人物、填充细节及布料的效果。笔尖越硬，线条越硬朗，尽管用笔尖也会失去线条的一部分硬度。宽笔头的水笔叫做马克笔，也叫记号笔，不仅能画出饱满的颜色、干净的色调，也能快速填充大面积的表面。刷头的毡头笔灵活性更强，能绘出不同粗细的线条，这取决于用笔倾斜的角度。

酒精性马克笔能绘出清晰、统一的色彩，又毫无晕线，特别适合制作相片效果的插画。

毡头笔适合形成滑面，能改变色彩层底部的色彩。

毡头笔笔头，磨损后可以用新笔头替换。

酒精性毡头笔

　　大部分插画画家非常喜欢使用酒精性毡头笔，因为墨水挥发快、易干。颜色混合可以通过颜色覆盖。一旦颜色干了就无法擦除，另一个颜色可以覆盖上，也不会让底层颜色流失。毡头笔色彩也是半透明的，意味着在纸的表面，可以用瓷釉效应产生光学混合的色彩效果。用毡头笔时一定要用白纸。

水性毡头笔

　　水性墨水毡头笔的线条挥发时间更长，有时底层颜色能轻易被上层颜色覆盖而发生改变。用笔刷能湿润水笔线条，颜色能扩散到其他区域。先用毡头笔绘画，用笔扫过墨水营造色调或阴影。一些毡头笔销售商也售卖含有广告颜料的水性墨水。这些颜色效果模糊，配合纯色块，效果惊人。

毡头笔适合设计图案及明亮的色彩。

毡头笔用水性墨水，再用笔刷湿润线条，产生类似水彩画的效果。

墨水和刷子

墨水是具有强烈色彩的液态物质。标记明朗，均匀下笔线条清晰，若蘸水能产生蜿蜒、透明、精致的效果。

印度墨水和乌贼墨

印度墨水，一般是黑色，颜色厚重而模糊。既有不同容量的瓶装液态墨水，也有墨水棒。风干的印度墨水有涂漆表面的效果，不易溶于水。乌贼墨水，呈棕色，同印度墨水效果一样，但是风干后用蘸水刷轻润便能溶解。

准备的重要性

墨水画插画能快速完成，但是要做好前期准备，特别是以自然的线条起步，因为线条难以更改。因此，要用笔和墨水精确作画，最好先有轻淡的素描轮廓，然后用墨水线条覆盖在铅笔痕迹上，等墨水干了再擦除铅笔线条。

用墨水和刷子作画，刻画粗细线条，必须小心控制用笔力度。

比起液体墨水，用印度墨水棒要做更多准备，但效果更佳。

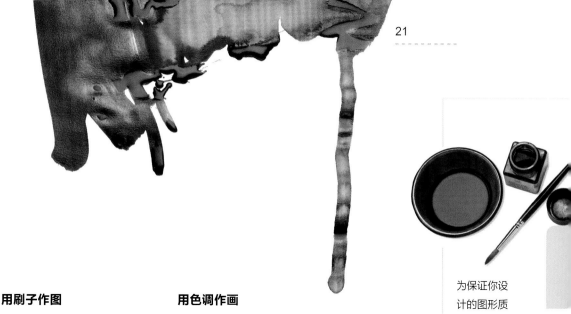

为保证你设计的图形质量，准备一个浓重的油墨、黑色的中锋笔。

用刷子作图

　　若用刷子蘸墨水，刷头在纸面上轻点，便能画出不同粗细、不同坚锐度的线条，呈现强烈的画面效果。貂毛刷配以优质笔尖，一笔描画就能设计出物体的韵律和光感。活动手腕和前臂能轻松改变刷头方向，补足墨水笔和铅笔有欠缺的拐角处。线条的粗细和细微差别，需要仔细控制用刷的力度。墨水效果取决于表面的湿度和纸张的纹路，以及墨中加水的多少。水加得越多，墨的颜色越浅，在纸张上扩散的方式也因纸张的材质而不同。

用色调作画

　　除了纯线条的设计，利用不同水混合物，也能勾勒人物的线条。如果这是想要的效果，那最好使用一定的工具或者粗刷。只要加一点水溶解墨水，或在马克笔之后用湿刷子抹匀，都能使色调变浅。在时装设计中，绘画很少完全依赖色调，通常是配合线条（毡头笔、铅笔或细刷）以避免人物形象过于模糊。

用画笔的笔尖仔细勾勒出衣服的线条，再用淡灰色进行晕染，使服装有阴影和立体的感觉。

彩色墨水和水彩

　　溶在水中的颜料，画在白纸上产生的透明效果是水彩技法的基础。同样原理也适用于彩色墨水，设计师也称之为苯胺，或液体水彩。

彩色墨水

　　彩色墨水颜色丰富。大部分墨水都是由提取自苯胺染料着色物质制成，着色力强。这些颜色鲜亮饱满，在画人物前应该加点水溶解。最好使用蒸馏水，能明显提高画面的流畅度和品质。

水彩的柔和度

　　水彩主要由阿拉伯树胶、甘油和色素制成，与墨水不同，水彩颜色更柔和。色调的丰富多样不仅取决于混合的颜料，也取决于加水量。混以中国白时，透亮的水彩会变浑浊或半浑浊。中国白是氧化锌和阿拉伯树胶的混合物，因浑浊度较高，与其他颜色混合能产生蜡笔色调。

时装设计师面对许多彩色油墨和染料，需要做出适当的选择，包括每个颜色的样品，也可以在后期通过颜色的混合，获得各种变化。

在钢笔的墨水和苯胺中加一点漂白剂，就会有神奇的效果，但若水彩或墨水中没有苯胺类的染料，就没有同样的结果。

水彩着色的魅力在于丰富的色彩，以及在布料上神奇的色泽。

着色技巧

　　时装插画中，水彩和彩色墨水常用来上色，填充由铅笔、印度墨水、毡头笔（水彩很少用于构图）勾勒的形状。当设计中在初步涂层上色后，二次上色可以提亮一些细节。在风干的涂层上再上一层色，眩晕效果加强后就大功告成了。圆头的刷子最适合用墨水或水彩，因为能迅速涂满一片区域，同时能画出细致、表现细节的线条。

用水彩可以不同程度地稀释颜色，产生更加精细、调和的效果。

水粉和苯胺组成成分不同，但特性相似。它们都是水溶性染料，苯胺风干就是永久性的，质地如缎子般光滑。另一方面，水粉比较浑浊，风干后表面暗淡，蘸水刷过后会再度溶解。水粉和苯胺在一幅作品中不能混在一起。

水粉和苯胺

各式各样的苯胺

这是最现代的绘画媒质，也是万用媒质，从浑浊的颜色到精致打磨的透明眩晕效果一应俱全。苯胺颜料速干，笔尖上再蘸其他颜色也不会改变色泽，可以鲜明地叠加颜色。用厚重、风干苯胺颜料修补会做出如仿真丝表面的效果，看上去像塑料，因此不建议做厚涂。如果要做透明眩晕效果，最好在苯胺媒质中混以油漆，而不是大量的水，这能避免颜色失去浓度和黏着度。

丙烯是一种非常适合于印花图案的着色颜料，其快速干燥的特性使设计人员能够创作出轮廓清晰的作品。

如果用丙烯酸颜料或是水彩进行绘图，选取一系列基本色是很有帮助的。最终的色调是由调色板上混合渐变的色彩决定的。

速干

因为苯胺具有速干特性，可以在画过的区域涂以新的、不透光的色调，更正着色，或加以润色。这意味着如果想混色，或在纸上渐变，要动作迅速，在颜料未干透之前完成。如果纸张又厚又吸水，就得更加迅速，因为纸张能吸收颜料中的水分。用这种媒质可以表达严格的现实主义、印象派和想象派的设计理念。

水粉比水彩更浓厚，色泽更纯，可以处理一些更均匀的颜色，因此，适合涂染设计中纯色部分。

不透光纯色

水粉是一种不透光的颜料，理论上其颜料可以用浅色覆盖深色，能完美地、完整地用一种颜色覆盖另一种颜色，也不会露出底层颜色的痕迹。然而，实践中最好用深色覆盖浅色，因为水粉并不像油画颜料或苯胺那样不透光。水粉中虽加一点胶合剂，但是干了之后仍能溶于水，因此覆盖另一种颜色时势必会带上来一点底层的颜色，为避免这种情况，必须要让一层颜色干透之后再上另一层。

水粉对颜色处理较单一，笔刷丝毫不露痕迹，线条非常生动，颜色鲜活，略微泛白。

重新润色的媒质

跟水彩一样，水粉也是水性颜料，尽管更粗糙、更有力，却不够精细，缺乏感染力。应该像奶油一样使用，并不适合创作透明效果，也不建议在颜料中加过多的水。尽管有这些缺点，但对于时装插画来说，它的优势在于能反复修改，直到线条、颜色、纹路的处理都达到了非常理想的效果。

作为重新润色的媒质，水粉是不可替代的，特别当插图需要高度精细的细节时尤为重要。用水粉重新润色非常简单，而且很少能在成品中看出痕迹。

绘画纸张：白纸和速写本

白纸是时装设计最常用的材料，尽管为呈现一个设计需要纤维和布料样本配合。纸张种类多样，取材依赖于采用何种染料。

细纹路纸张

在纹路细致顺滑的纸张上能画出清晰的线条，用铅笔能画出一系列灰度，铅笔和彩铅搭配使用效果很好。光滑的纸张并不适合彩铅，因为颜色不能很好地附着。没有纹理的顺滑纸张最适合毡头笔，笔尖能轻松地在纸上作画。最适合毡头笔的纸张是布局纸，因为能防止墨水渗入，也防水。

粗糙中等木质纸张

特别粗糙的纸张不适合时装手绘，因为铅笔或刷子不能穿透纸张的纤维，着色区域会出现白点，有损精确程度和细节表达。中等粗细木质纸张较常用，推荐印刷纸，因为粗糙程度适中，能配合多样的色彩。

水彩颜料和铅笔需要用特殊纸张。最适合的纸类是中等粗细木质，又有强吸水性（纤维化合物、亚麻或棉纤）。最常用的水彩画纸大约250克/平方米。

设计师常用纸张：上等的中等木质纸张，描图纸，不同种类的彩纸（中度和深度色调）。

一般样式或纹理纸张

　　如果你能做时装设计样本和风格设计，也可以发挥创意精神选择有趣的设计形式。为何用不同样式、种类和纹理的纸张做实验呢？因为这样可以激发创新灵感，构设初步的设计。

素描板

　　素描板样式丰富，品质各异，纸张大小适中，携带方便，不仅设计中常用素描板，在生活中也非常有用，能做旅行笔记，描画初步构思，粘贴设计图片或偶遇发现的喜欢的布料。

描图纸

　　非常有利于描摹。做技术绘图时，如果对称的话，通常只画一半的衣服，另一半就可以用描摹完成。描图纸也能把素描作品转换成最终作品，也可以将两幅画重叠，表现衣物上不同层次的元素。

为绘图选择不同种类的纸张，对你的创意也是一种新颖的补充。

人像风格化

很多人在第一次画模特儿时会感到害怕，因为他们知道人体具有生命力与灵活性，因而非常复杂，要想画好人体需要长期研究。但这些表面上的困难并不应该让人感到沮丧，正如绘画中的其他问题一样，我们可以把所见事物简化到可以理解的程度。

—— 雷纳·威克

时装插画

安格尔·费南迪斯绘画中的人体，2006，黑铅笔绘制。

中的人体

对于学习时装的学生，人体的比例是基本知识。它意味着寻找并建立模型展现出来的某些美的规则。要想正确地画出人体，学习标准（即指导原则）是关键。无论服装设计本身包含了多少想象成分，学习标准都不可忽视，因为任何服装最后都必须适合人体才行。从理论的角度，分析和理解人体的和谐再现之后，我们有必要学习如何使其风格化。这就意味着我们要对人体的某些比例进行调整，以适应服装语言，同时，还要考虑到身体不同部分之间的关系。

人体

我们如何观察他人是由人体的解剖结构
及其表现形式决定的。服装设计师必须让自己
设计的衣服适合人的体型，因此深入了解人体
至关重要。很多人第一次画模特儿的时候会感
到害怕，因为他们知道人体具有生命力与灵活
性，因而非常复杂，要想画好人体则需要多年
的研究。

人体画的重要性

画人体往往比其他科目更具挑战性，因为
人体各元素之间的协调性和比例，以及姿势是
否正确，几乎都能从每个人身上看出来，所以
其他科目中犯一个错误可能不易察觉，但在人
体画中就会凸显出来。

尽管许多服装展示呈现高度的风格化，如
今的设计师无论在口头上多么排斥理论，他们
在画人体、画风格化人体以及相关的艺术创作
过程中，都不可能完全摒弃裸体的人物。

人体是创作的框架

学习画人体，看起来与时装系列的设计创
造几乎没有任何关联，但事实上，它会帮助你
了解人体结构的基本形态，而你的创作必须在
这个框架内进行。如果对解剖学没有基本的了
解，不管你努力想让自己画出的人体或是设计
的时装多么新颖、风格多么独特，你都不可能
成功。任何学时装的学生都必须从学习画人体
开始。如果你要设计时装，无论你的灵感来自
何处，你都必须始终记住你是在为人体设计时
装，这一点再怎么强调都不为过。因此，练习
画人体极其重要。

人体写生

　　再现人体的最好方法就是人体写生。所有艺术学院都会给学生提供画人体写生的机会。选修这些课程一直都是培训时装设计师的重要部分。画人体写生可以让时装画艺术家通过不断的训练和无尽的可能性来提高水平。人体写生只需花几分钟就可以完成。通过这种训练，不仅可以发现描绘任何姿势或结构特征的多种方式，而且你着手画的时候还会变得更加自信。不要因为人体素描表面上看起来很困难而气馁。正如绘画中存在的其他问题一样，你可以学习组织和简化你所看到的，从而达到出色的效果。

有很多书是专门针对人体写生和解剖学，帮助我们更好地了解人体的结构。

人体比例

人体比例的"标准"是一套指导原则。它运用数学公式建立人体的完美比例，将人体分成不同的部分，也称作模块，这些模块决定了人体各部分的位置，并计算出它们的比例。

古典标准

学院派的人物画比例源于古希腊罗马的标准。这种人体视角高度标准化，不符合任何个人的身体比例，但是它展现了男人、女人或儿童体型的基本典范。古典标准的运用，主要见于用来比较身体不同部分之间关系的模块之中（成人身体的高度为8个头部，宽度为2个头部）。这个模块体系同时为参考其他要点创造了可能性。这些要点有助于理解人体结构，使人体的再现更容易，同时也有助于弄清人体的宽度，以便找出人体轮廓的最重要元素。

头部作为衡量尺度

头部的尺寸是人体比例构成中的重要部分，因为它是相当于衡量尺度的基本模块，也就是说，一个成人人体的总身高是头部大小的8倍。

要想使画出人体的比例正确，就必须量出头部的高度。画一条纵向的直线，在这条直线上做出8个头部尺寸的标记。在这条纵向直线基础上得出横向的规则，这样才能构建出完美的人体。画完之后，再用橡皮擦掉这些标记和尺寸。

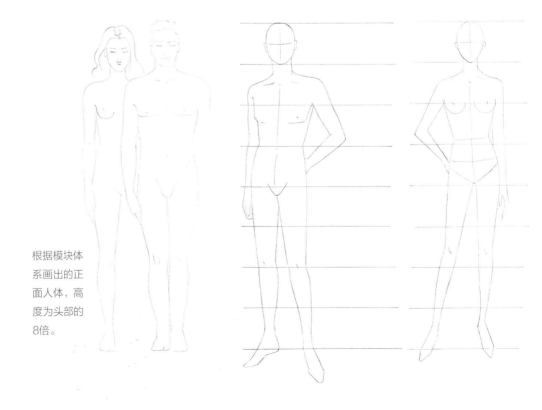

根据模块体系画出的正面人体，高度为头部的8倍。

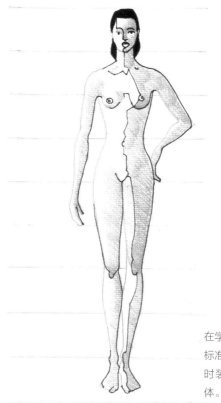

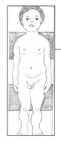

一些专门画儿童时装的设计师，在绘制时就要牢记，大尺寸对孩子身体健康成长的重要性。

"苗条"的标准

8倍的头部标准适用于一般的绘画学习，但是，对表现时装画中的人体来说不是最合适的标准。在时装设计学院，人体高度的标准是8.5个头部高度（女性）和9个头部高度（男性）。这源于两个原因：第一，为了让人体看起来更苗条（虽然我们将会在下一个部分分析这一点，如何在人体风格化中表现出极致）；第二，大部分职业模特儿的身高都很特别，高于一般人，而且女模特儿一般都穿着高跟鞋。换句话说，时装画中的原型人体高于古典的希腊罗马标准中的人体比例。

在学习画人体的时候，古典标准是很好的指南。但是，时装画则要求更苗条的人体。这里我们的标准是身高为8.5个头部的人体。这些模块可以为按比例画身体的各个部分提供参考。

模块体现了人体的尺寸

运用模块体系构建身高为8.5个头部的女性人体，遵循一些可供参考的解剖学特点，有助于更好地画出人体。第一个模块与头部尺寸对应，第二个相当于腋窝的水平位置到胸部的顶部，第三个模块与手肘和肚脐一致，第四个在耻骨的位置，第五个对应手臂的最大长度，第六个与膝盖齐平，第八个在脚踝的位置。如果你想画出比例恰当的人体，记住这个体系非常关键。

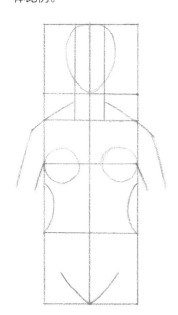

构建人体的前四个模块相当于头部和躯干。下端的四肢相当于四到五个模块。

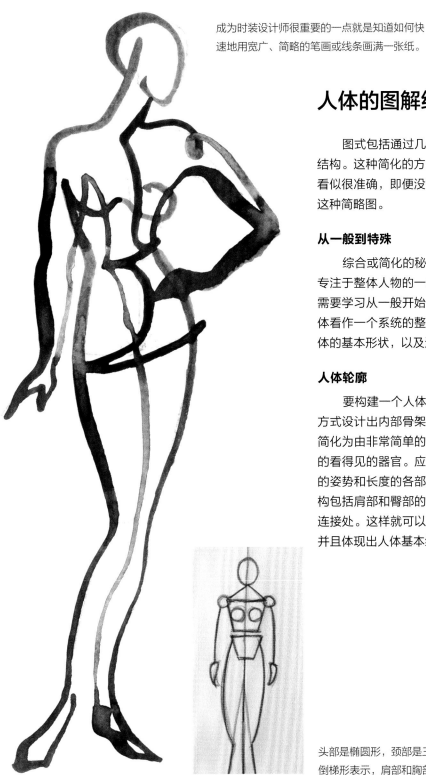

成为时装设计师很重要的一点就是知道如何快速地用宽广、简略的笔画或线条画满一张纸。

人体的图解线条和简化图

图式包括通过几个基本的笔画来简化人体结构。这种简化的方式让画人体更简单，而且看似很准确，即便没有人体素描的经验也可画这种简略图。

从一般到特殊

综合或简化的秘诀是回避一些解剖细节，专注于整体人物的一般形式。换句话而言，你需要学习从一般开始，再到特殊。目的是把人体看作一个系统的整体，关注躯干、头部、肢体的基本形状，以及这相互之间的比例关系。

人体轮廓

要构建一个人体，首先应该用非常简单的方式设计出内部骨架，像雕刻家那样，将人体简化为由非常简单的曲线（像电线一样）组成的看得见的器官。应该将主要的结构以及四肢的姿势和长度的各部分表现出来，其中主要结构包括肩部和臀部的线条，而且用小圆圈标出连接处。这样就可以画出一个看起来像机器人并且体现出人体基本结构的几何人物像。

头部是椭圆形，颈部是三角形，躯干和臀部仅用两个倒梯形表示，肩部和胸部是圆圈，四肢是曲线。

注意！许多学生经常犯的一个错误是认为他们一开始就可以建立个人的画风。

构成人像的线条可以看作是电线。躯干和四肢可以定义为随着身体姿势变化而变化的曲线。

人体几何

解决人体再现的复杂问题还可以采取另一种方式——在画出让人信服、可变认的结构之前，都用简单的几何图形表示人体，这些图形是根据人体结构改造的。画立体的人物需要用到球体、圆柱体、梯形、椭圆形和三角形。这些图形包含了形体的基本要素。你需要结合并用关节连接这些形状，从而建立比例恰当的时装人物像。

从哪里开始

初学者画人像所要面临的首要问题就是从哪里开始。答案是从画头部开始，然后画颈部，接着往下是肩部和躯干，这两者成梯形。胸部在腋窝以下。臀部也是由一个梯形构成的。最后加上下肢和上肢（按照这种次序）。

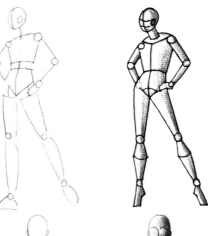

用线条构造可看见的人像器官，是画出立体人体的第一步。

人像可以分解成建立姿势和人像各部分之间比例的简单的几何图形。然后，就需要淡阴影来建立人像的立体感。

时装人物

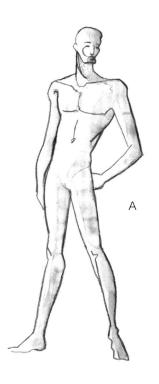

A

上一章讨论了人体的内部结构。本章关注的是限定解剖特征的外部轮廓——"时装人物"（时装画中，用来表示人体轮廓的名称）的外形。

人物轮廓

画人物的轮廓非常有趣，必须将注意力集中在人体身形的界限上，无须关注任何细节或阴影效果。学习之初，要用自上而下的顺序画出人物轮廓。先从颈部开始画，然后画肩部柔和的斜线，由此往下描出肌肉的曲线形状。如果模特儿是男性，就画一条突出的几何线，如果是女性，就画一条浅色、弯曲的线。

人体轮廓的起伏

人体的轮廓由内部的肌肉构造决定。从颈部向下，这可以用指向身体内部的曲线表示，而在肩部则用指向身体外部的曲线表示。肘部同样是用指向外部的曲线表示。画手臂和前臂则是用向内的曲线表示。臀部由一条向外鼓起的大弧度曲线构成，这条曲线一直延伸到膝盖，然后变成略微向内的曲线。小腿处向外的曲线突出。脚踝处的曲线更突出，先向内再向外。

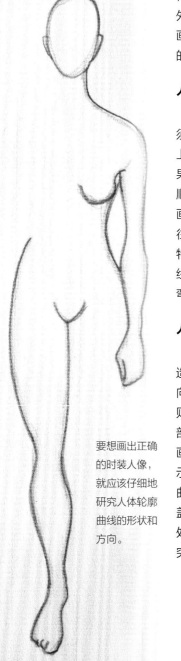

要想画出正确的时装人像，就应该仔细地研究人体轮廓曲线的形状和方向。

B

男性时装人物的轮廓特点是，突出肌肉组织和笔直、有力的线条（A）。女性人物的线条弯曲，有微妙的细节和侧影，主要由曲线构成（B）。

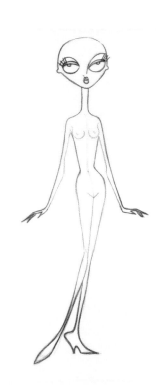

在教绘画的时候，我们总是建议学生在空白处画人物，也就是说，在围绕人物的背景中画，这是为了避免画人物轮廓的时候遇到某些困难。

完成你喜欢其侧影和姿势的时装人物后，就可以在描图纸上描绘它了，可以重复使用，让人物穿上不同的服装，就像它是玩具一样。

时装人物

时装人物是模特儿的图画式再现，建立在线条画之上。这种画强调姿势以及最显著的人物轮廓曲线。如果你没有丰富的绘画经验，那么就用模糊的笔画，因为画画总是需要修改和叠加线条。确定外形之后，标出基本的线条，以便看出轮廓，但是不要擦去其他线条，因为它们也是整个学习过程的一部分。画成人物之后，可以用一张描图纸描出人物的简单轮廓，然后重复利用这个样板。

控制笔画

时装人物的表情应该生动，线条足够清晰，以便理解模特儿姿势和解剖特征的必要信息。为了让线条更吸引人，时装设计师需要结合多种粗细不同的线条。你可以通过变换使用铅笔的角度，调整或变换使用画笔的压力及角度，画出粗细不同的线条。学习调整线条的方法之一就是尝试用一条连续的线画一个人物，笔尖不离开纸。

学习调整笔画的粗细时，用圆且细的画笔和墨汁练习画侧影。

人物风格化

时装设计并不注重人物的写实表现，而强调模特儿画应该更风格化、理想化。

时装设计师和插图画家往往会画出形式夸张的人物，为了达到这种效果，就需要以人体的比例范围为基础，做出调整。

风格画

一个设计应该给客户留下深刻印象，不仅是因为它具有独创性，而且是由于它具有独特的风格。因此，每个专业设计师除了创造的作品具有直接的冲击力之外，都应该有自己独特的画风，应该清晰有效地将自己的画风与某个时装系列的整体风格密切关联。

这意味着在摆脱学院派绘画训练限制的同时，还要遵循前文所讨论的人体结构的基本理念。牢记这些基本理念，你会发现创作风格独特的人物画更容易了。

拉长人像

要想画出风格独特的人物画，需要延长身体的某些部分。首先，头部略微缩小，颈部更细长，但躯干比例几乎不变，腿似乎更长。如果你的目的是增加模特儿的高度，同时，又保持身体各部分之间的比例协调，那么身体的高度需要增加一到两个模块（身高为9或10倍人头的人物）。

如果遵循这种结构，虽然四肢和身体主要部位的长度经过修改，但是人像的解剖关系并没有改变。

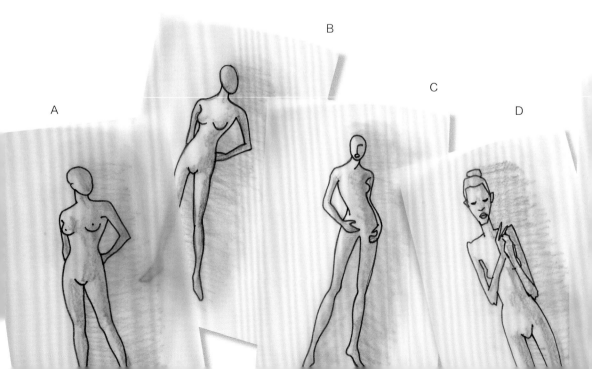

A   B   C   D

让人像更苗条

突出人像独特风格的另一个方法是减少肌肉。这种方法的目的是，让它看起来在不拉长人像的情况下更苗条，而且基本比例不变。让腰部和臀部变窄，耻骨看起来比一般的位置略高，四肢长度一致，但是会更瘦，颈部更修长，头和脚的大小保持不变，因此，就比例而言，头和脚看起来会比身体其他部分更大。

人体的某些部分可做出调整

人像的基本结构保持比例协调之后，设计师就可以做一些调整，例如，改变身体某些部位的比例，让人物更加个性化，或者为了使人像与时装的设计保持一致而采用某种画风。目前流行这些风格：放大头部（像玩偶一样），放大眼睛（像日本漫画中的人物），或者让人像具有很大的灵活性（像小橡胶雕像）。

风格化的模特儿是一种有力的存在。身体延长，以便突出服装，并为创造留出更多空间。

腿到脚底之间可以增加半个模块，让腿看起来更苗条、优雅，也让设计和鞋子的样式展示得更清晰。

让人体风格化需要把身体扩大至九或十个头大小。颈部更长，肩部比骨盆略宽，躯干缩短，腿延长。脚的长度与身高成适当比例。

E

F

人物风格化的不同样本（从左至右）：八个头部大小的人像，希腊罗马标准（A）；在前一个人像的基础上削瘦的人像（B）；十个头部大小的人像（C）；比九个头部大小更瘦的人像（D）；风格非常独特、比例经过调整的人像（E）；头部较大的风格化人像（F）。

研究

丝芙兰·安德拉德
连衣裙草图，2006，
墨汁和漂白剂绘制于水彩纸。

人体姿势

如果设计服装的时候不注意人物的姿势，这些设计将会显得单调平庸，毫无生气。人物本身的精力和活力是通过身体的姿势得以捕获和体现的。要让人物活泼逼真，只是理解解剖学是不够的，你还需要让人物富有韵律、生气和活力。在时装设计领域，认真观察时装模特儿平常的一举一动至关重要，因为他们的行为举止都应该与他们穿着的风格协调一致。是否能恰当地呈现一套服装或新设计的时装，在很大程度上取决于选择的人物姿势是否正确。

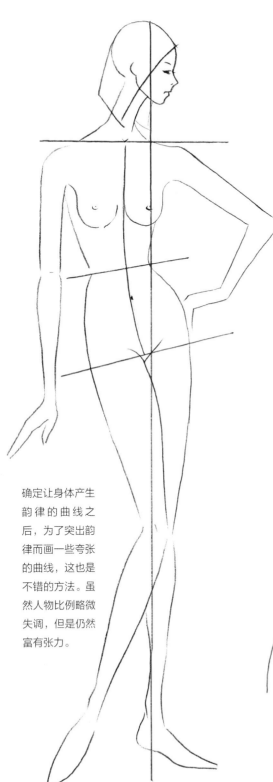

确定让身体产生韵律的曲线之后，为了突出韵律而画一些夸张的曲线，这也是不错的方法。虽然人物比例略微失调，但是仍然富有张力。

平衡与节奏

确保姿势稳定可靠的根本原则就是保持有力的平衡，并使用其韵律潜能（人物内部的动态张力）。保持平衡的同时突出人物的韵律线条，有助于产生受限的运动感，进一步突出姿势，增加姿势的戏剧性效果。

张力创造平衡

画直立姿势的时候，人物的平衡是应该考虑的最重要因素。图像应该是笔直的，否则它给人的印象就是身体将要倒下了。检验人物是否平衡，最好的是想象出一条垂直线沿着画的中轴从头延伸至地板。肩部的倾斜角度都与骨盆和腿的角度成相反方向。因此，这些人物看似呈现了一种由行动主导的奇怪的平衡，保持着持续的、相互关联的运动状态。

从头到脚画一条直线，建立身体的平衡。虽然身体被扭曲，或者可能向某个方向倾斜，但总体印象还是能够呈现某种平衡的。

学习抓住人物节奏的一个很好的办法，就是几乎不用时间思考、非常快速地去速写，如果你的模特是移动的，效果会更好。

首先，有必要赋予关键线条以个性，这一条线即描绘每个模特儿韵律结构的曲线。它可以采取多种不同的方向，因为每一个姿势都有各自基本的韵律。

确定内在韵律

为了让时装人物给人一种平衡和韵律的感觉，应该想象出一条内在的线条，标明姿势的方向，这条想象的线条能够证实韵律的效果。你可以通过人物画上直视方向的重叠线条，或模特儿的照片辨认表示韵律的曲线。这些结构的线条可供所有设计师借鉴，是基本的线条方案，由此可以构建任何有力的姿势。

夸大身体的曲线

除了决定立体人物的具体轮廓之外，这条内在线条还可以建立方向感或活力感，使人物富有张力和节奏，以及韵律，因此这条线至关重要。要想构建有活力的姿势，你不仅要夸大韵律线的弯度和倾斜度，而且要突出塑造身体轮廓的曲线。这样，人物的姿势虽然传统，但更富有活力。

灵活的姿势

练习画出人物的韵律感的好方法，是用几秒钟画出各种姿势。用最短的时间画出一个姿势，自然而又充满活力的人像捕捉了人体的精髓和一般姿态。不要怕犯错。

首先要有个性的曲线，描绘出每个模特儿韵律结构的重点线。这条线可以采取一些不同的方向，因为每个姿势都有自己的基本节奏。

女性人物画的一般标准是，比例相称的躯干大小为两个半模块。人体的这部分对于确定模特儿的姿势具有何种目的非常重要，因此本章将对躯干进行详细研究。

躯干的重要性

躯干结构

躯干的基本形式由两个活动的结构组成：胸部（在颈部与腹部之间）和骨盆部位。这两个部位都用一个梯形表示，其中一个倒梯形代表胸部，另一个略微扁平的梯形代表骨盆。从人物轮廓中可以看出胸部往往前倾，骨盆则后仰。模特儿的乳房可以看作倒置的玻璃酒杯，大小依模特儿的体形而定，腹部的曲线一直延伸到耻骨的底部。若要准确地体现人体的重量和动作，你需要从两个关节连接的部分了解躯干的结构。

肩部和骨盆：对立的张力

骨盆通过脊髓与肩部相连，构成人体的轴心。因此，合理的推测是，肩部任何角度的倾斜都会影响臀部的位置。只要臀部弯曲，肩部就会向对立的方向移动，同时只要肩部移动，骨盆也会转移。换句话而言，如果肩膀向右倾斜，臀部很自然地会向左倾，身体总是处于平衡的状态。这种姿势被称为"对位"。

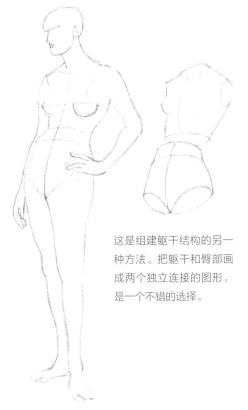

躯干的基本结构可以用一个梯形来表示，而臀部呈梯形或三角形。这些是画人物时所用的基本图形。

这是组建躯干结构的另一种方法。把躯干和臀部画成两个独立连接的图形，是一个不错的选择。

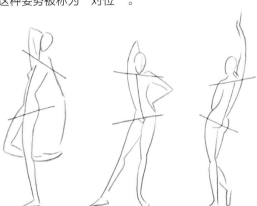

肩部线条和臀部线条总是倾向于相反的方向。很重要的一点是，意识到这种效果有助于正确表现各种不同的姿态。

脊柱是身体的轴线

　　从背面分析躯干时，你可以看到脊柱是身体的轴线，因为它构成了一条对称线，而身体的基本尺寸建立在这条线上。画这条线的时候，你可以参考身体的各个部分，同时意识到各个器官的协调和尺寸，确保你在这条线的两侧画的器官是相同的。这一点对于学习如何画躯干非常有用。虽然如此，人物从后面摆姿势，尤其是从后面看，在时装设计中并不常见。

手提物件

　　为了装饰服装，时装人物经常穿戴一些调整躯干姿势和姿态的物件。人物手中拿着的包或帽子就是起这种作用。虽然我们讨论的物体作用较小，但服装设计需要靠装饰品将身体下拉，以便吸引观众的注意力，而且身体通过倾向某一边来纠正体重。臀部显著的倾斜是对肩部倾斜的平衡。

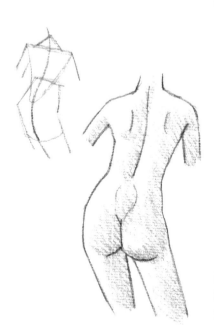

专业模特儿走台的方式因为富有魅力、姿态优雅而引人注目。他们通过倾斜肩部和臀部的线条（通常方向相反）做到这一点。

从背后画躯干的时候，脊柱的曲线以脊柱轴线的形式出现。

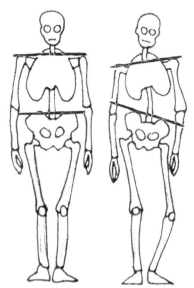

骨骼可以证实臀部倾斜会让肩部向对立的方向倾斜。

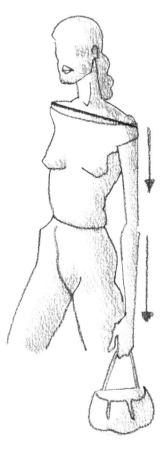

模特儿提着手提包或其他装饰品的时候，即便它没表现出有多少重量，身体还是会略微倾斜，强调它的存在。

时装设计中的常见姿势

下面几页的人物画，代表了时装界的常见姿势。这些姿势是从各种各样的姿势中挑选出来的，目的是对模特儿走"T"形台时最常见的动作，以及设计师画模特儿所用的动作进行总结。

传统姿势

如果你看过时装杂志，你会发现照片中的模特儿重复多种姿势，这已经成为时装界的某种共同语言了。人体的姿势和手势可以被称为传统姿势，有的人可能认为这些动作生硬、不自然，仅限于时装界。这些也是时装设计师画人物的时候常用的姿势，所以学时装的学生也应该学习如何用这些姿势，将它们改造成自己的风格，这是因为在设计领域中，这些姿势被普遍接受，而且被赋予了普遍的含义。

让姿势符合风格

一个人的姿势取决于他或她的文化和专业背景、年龄、性别、健康状况、疲劳程度等。在决定你的模特儿采取什么姿势之前，应该考虑顾客的心理和地位，因为服装是为他们设计的。如果你设计的衣服是高级女装，那么模特儿的姿势应该是有教养的、高雅的。如果你是给年轻人设计服装，那么模特儿应该画得生动活泼，用一些非正式的甚至是略带挑衅的姿势。

这种姿势让身体的所有重量都压在一条腿上，手放在臀部，这是服装设计中最常见的一种姿势。

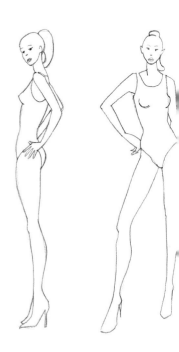

这是服装人物画中一些最常见的姿势。模特儿的图片通常可以作为人物画的借鉴。

关键在于放松

在为时装人物选择姿势的过程中，你应该避免完全正面的姿势，以及过于刻板和对称的姿势。当你感觉人物姿势和谐、优雅，并且看起来很放松的时候，你就会知道你已经找到正确的姿势了。放松表现在多个方面，比如臂和腿姿势不对称，向某个方向倾斜，肩膀和臀部倾斜方向正确，手与臂之间的关系，人物前倾或后仰时身体达到平衡状态。应当尽量避免不自然的姿势和不平稳的动作。

研究我们周围人的姿势

找到合适的姿势最好的办法就是简略地描绘你在杂志中看到的个性人物，或者画你在街上看到的人（靠着路灯柱的男人，坐在一起的一群年轻人，等待中的女孩等）。你可以学习如何用简单的几笔画出一个优雅的动作、一个自信的姿势、一个迷人的姿势或一个机灵的动作。在你的速写本上画满各种姿势。之后，你可以把它们用作目录或杂志的插图。等到你积累了足够的经验时，你会惊讶地发现自己可以很快地勾勒出人物姿势。

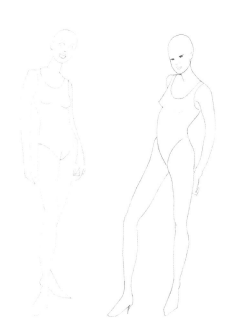

这是时装领域一系列的传统姿势，每个设计师都应该具备画这些姿势的技能。

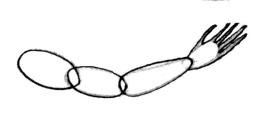

臂和手

臂是身体的上肢，由四个移动的部分组成：肩膀、臂、前臂和手。虽然在人物画的标准中，臂和手与身体的其他部分有一个既定的比例，时装设计的风格化能够在保持它们与整个身体和谐一致的前提下，改变它们的体积。

画手臂的时候，先画一条直线作为轴线，或画几个并列的圆形，表示手臂的关节。

简单的图解

画双臂时要从表现它们的正确关节的简单图解开始。如果你想画出手臂的立体感，最好的方法是用重叠的圆形或圆柱体。然后，在画轮廓的同时，要注意隆起的肌肉、立体感更强的肩膀、二头肌和前臂（尤其是画男性的臂）。

女性的手臂与男性的迥然不同，应该画得更纤细。女性的手臂没有隆起的肌肉，比例匀称，轮廓纤细。女性的手肘和手腕的关节比男性的更窄。

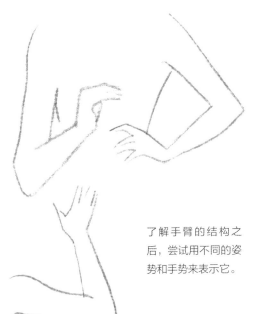

了解手臂的结构之后，尝试用不同的姿势和手势来表示它。

应当了解手臂并不是孤立的。表示手臂的最好方法是让其与身体相互作用。它们使身体的姿势更突出，并有助于增加人物的韵律感和不对称感。

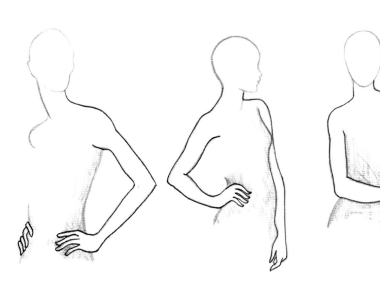

画手

手是身体中姿势最多变的部分，因此，对经验不足的人，画手有一定的困难。手画得好是给人物优雅之感的最后一笔，然而手画得不好，就会毁掉一部好作品。你需要考虑两个方面：手背、肌腱结束和指关节起始的地方；有更多圆形的手掌，因为手掌处有更多丰满的肌肉。

从结构着手

更好地了解手的尺寸，应该从轮廓的几何略图开始，用线条或椭圆代表手指。每根手指的长度不一样。表示手指的线条上略微弯曲的地方，表示不同的关节点和运动点。这是因为它们的位置与同心弓形的结构相对应。

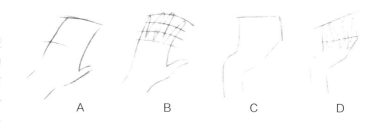

A　　　B　　　C　　　D

手的结构很简单，分两半：一半对应手掌，另一半对应手指（A）。手指的姿势用与指关节弯曲处相一致的各种曲线表示（B）。

虽然手的结构简单，但是画张开的和紧握的手很复杂。在这些情况下，明智的做法是用一个几何图形描绘手指（C）。在几何图形上画线条，代表指关节延伸，这些线条最终确定了手指的形状（D）。

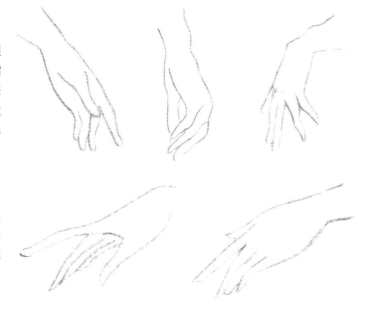

研究了手的结构之后，画出手的各种姿势，这是一个不错的方法。借鉴杂志或书上的模特儿来画手，或者写生。

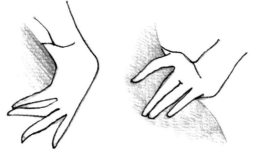

手有两种姿势需要特别注意：当手部分放进口袋里，寻找支撑的时候，或者当手放在臀部的时候。

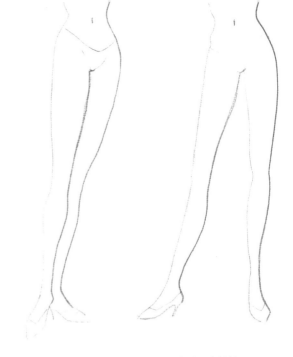

腿和脚

　　虽然腿和脚的关节与手臂一样多，但是前者活动的可能性更小。这是因为臀部关节和踝关节只能弯曲和伸展（不能向侧面活动），膝盖的活动幅度不如手臂。所以，腿比手臂更容易画。

腿的长度和关节

　　就比例而言，腿和脚占据人物总体标准的四个模块。由三个活动的部分组成：大腿、小腿和脚，由臀部、膝盖和脚踝的关节连接起来。大腿和小腿长度相同。

　　腿的结构和手臂一样都用重叠的圆形和椭圆表示。女性腿上的肌肉并不明显，轮廓弯曲，邻近膝盖处肌肉越变越窄。线条柔和，并不突出，因而膝盖构成的圆圈毫不突出。腿的下半部分，也就是小腿，逐渐变细至脚后跟。模特儿穿着高跟鞋的时候，小腿会变得更圆，体积更大。

女性的腿轮廓弯曲，曲线柔和，应该用连续的一笔画成，画的时候丝毫不能犹豫。

要想画出正确的腿，就必须显示出肌肉的曲线和膝盖、脚踝的窄细。

腿可以简化为两个在膝盖处连接的拉长的圆形。脚是三角形。

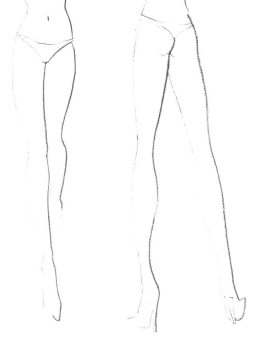

高跟鞋使小腿的体积变大，也让小腿的曲线弧度比一般的更大。

双腿因指向不同的方向而分开，分开的姿势在时装人物画中十分常见。例如，一只脚以侧面呈现，另一只脚位于前方四分之三的位置。这意味着一条腿从侧面画，另一条从正面画。

穿高跟鞋的腿和交叉的腿

模特儿经常穿着高跟鞋，所以脚背的弧度非常突出。这种鞋让脚看起来十分优雅。相对于脚趾而言，脚后跟提起，缩短了小腿的长度。画坐着的人物时，腿的长度，尤其是人物的腿交叉时，应该画得比一般的腿更长。否则，它们可能看来太短。

了解脚的结构之后，下一步是画不同姿势的脚。从正面画脚时，脚趾用简单的圆形表示。

脚封闭而紧凑

根据人物画的标准，脚的长度是身体高度的八分之一，相当于头的高度。与手相比，脚展现的立体更封闭、紧凑。脚的简略图和手相似。换句话说，首先画一个对应脚后跟的圆或椭圆，另一个拉长的椭圆对应中间，各种线条或圆柱体代表脚趾。如果是从侧面画脚，那么一个三角形足够代表它的基本结构。

时装人物经常穿高跟鞋，但是，有的设计师更喜欢让模特儿穿上平底鞋。

脚穿上高跟鞋后，脚趾会绷紧，变成曲形以便形成支撑点。

安娜·维拉风格独特的头部，软笔、油纸绘制。

画头

对于初学时装设计的学生，头部通常是比较复杂的创作主题。它是身体中形状、体积、比例和表情最多样的部分。正因为如此，头部值得进行个别分析研究。本单元将回顾关于头部研究的几个基本方面：结构知识、各部分体积之间的比例，以及针对如何从原始草图逐步建立时装设计的主要建议。然后，分析组成头部的各个部分、风格化的各种可能性，以及时装设计所容许的不同程度的扭曲。

头部比例：
正面图和侧面图

在关于头部的研究中，最重要的一项是比例问题。要想把头画好，首先应该了解结构和理论上的比例。只有这样，每个设计师才可以运用这些知识将人物风格化，并创造出自己的风格。

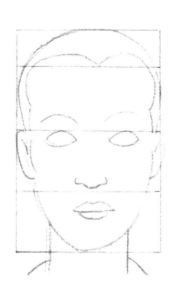

在古典绘画的标准中，人的头部是前额的3.5倍，它对应了发际线、眼睛的水平线、鼻子的底部和下巴。

头部尺寸

根据古典标准，人的头部是前额的3.5倍，因此，头部的高度被分成3.5个单位。但是，时装画还有另一套更风格化的比例，将人脸分成四个相等的部分。第一个部分对应发际线，第二个对应眼睛的位置，第三个对应鼻子底部，最后一个对应下巴。

正面的人脸

头部的形状似鸡蛋，上部分由颅腔构成，下部分包括嘴和下巴。从正面看，头部是对称的，这条对称线显示设计师首要的参考点。如果你画了这条将脸分成两半的垂直线，就可以建立一条对称轴线，由此，就可以按比例画出五官。

头部的侧面图

头部从侧面看比正面更像圆形。根据古典绘画标准，头部侧影可以分成3.5个部分，但是在时装绘画里，画一条垂线将头分为两个相等的部分更受欢迎，可以参考这一点来确定耳朵的位置。为头部正面图建立的标准也适用于侧面图。头部正面图的水平划分与侧面图划分相一致，只是对应人脸的不同部分。眼睛的侧面图呈三角形。三角形也是最适合画嘴唇的几何图形。

头部的侧面图也可以分成3.5个部分，所对应的是脖子背面、耳朵的位置、脖子的起始处和笔尖。

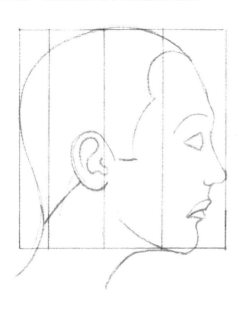

如果水平直线和垂直直线从正面投射在人脸上，你会发现很多对应点和尺寸可供人物画作参考。

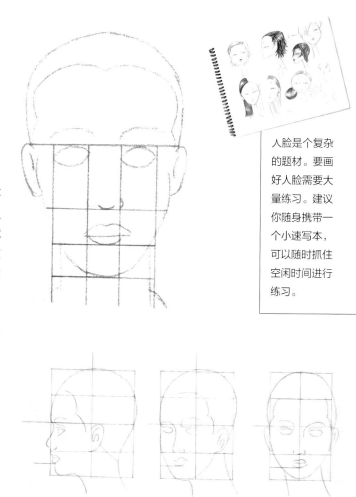

人脸是个复杂的题材。要画好人脸需要大量练习。建议你随身携带一个小速写本，可以随时抓住空闲时间进行练习。

脸部尺寸（正面图）

画脸部时，必须考虑脸上不同器官之间的大小关系。人脸从垂直方向可以分成等同于双眼宽度的三个部分。在双眼之间应该留出足够的空间可以画出假想的第三只眼睛。这个空间决定了鼻子的宽度。眼睛应该与耳朵在同一水平线上。人脸从水平方向也可以划分为三个部分。最上面的部分比下面两部分宽一倍，因为前者是由鼻子的长度决定的。下面两部分确定了鼻子和下巴的位置。在上文讨论的要素上加上眉毛那样的弓形，形成一个绘画的图解，可用来表示人头和五官。

头部的图解

在理论上了解人头部的标准之后，应该将你的所学付诸实践。可以借用一个椭圆来简化头部形状。在这个椭圆上画一条垂直的对称轴线。在这条垂线上画四条水平线，表示面部特征，这四条线分别对应发际线、眼睛鼻子和嘴巴的位置。眼睛的位置应该在头部的中心位置。在这些线上，你可以用示意图的方式画出人脸的不同部分。

另一个尺寸的体系表明，头部应该分成八个模块，两个代表宽度，四个代表高度。垂直的轴线以对称的方式构建头部。此图示将这种方法应用于三个不同的头部姿势。

了解了人的头部理论上的比例之后，你可以学着借用几个基本的尺寸和简单的几何图形用来综合你所学到的知识。这里的几幅图展示了综合构建的过程。

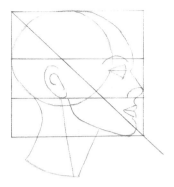

头部椭圆形的对角线方向，让下巴更突出，反过来也有助于拉长脖子，使其风格更独特。

头部风格化

头部的风格化是受一定约束的扭曲，某些因素让部分比例失调，目的是凸显你要强调的风格或特征。为了让你熟悉这一过程，本文展现了头部风格化最常用的一些样本。

"奈费尔提蒂"类型

这种风格的头部画像，让人回忆起现实主义风格的古代埃及皇后奈费尔提蒂的半身像。皇后的像在其丈夫阿肯那顿国王统治期间十分流行。"奈费尔提蒂"类型的特点是头部呈拉长的蛋状，下巴突出，嘴唇丰满，脖子细长。埃及美的典范一直持续到现代，仍流行于时装设计领域。它的结构建立在三个长方形的模块基础之上，分别对应眉毛、鼻子和下巴的位置。在这个盒子内画一个代表颅顶轮廓的圆圈，头部沿着对角线的方向略微拉长。整个头部在这个结构的基础上画成，再画上细长的脖子。

脖子的扭曲

拉长或扭曲脖子在时装画里十分常见。脊柱的肌肉组织，使颈部具有很大的灵活性。因此，脖子弥补了躯干的表达效果，肩膀提升与脊柱倾斜的方向相反（如果肩膀左倾，头部也会向左倾斜，反之亦然），这样脖子就打破了脊柱所形成的对称感。这增加了人物的优雅气质，也突出了身体的韵律和节奏感。

建立"奈费尔提蒂"类型，首先应在一个正方形内画一个椭圆的头形，正方形分为三个部分，分别对应眉毛、鼻子和下巴的位置。

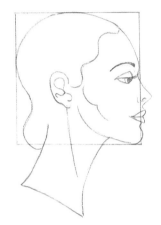

该速写本中有各种不同的"奈费尔提蒂"类型头像的样本。这种风格的特点是扭曲脖子，包括长度和粗细度。

类型图解

　　不同形状的头可以分成几类基本的图解，风格化的过程将通过逐步的扭曲来突出这些图解。你可以调整、扭曲头的基本形状（椭圆形），这样头部就可以呈多种形状，如圆形、偏菱形、正方形、三角形、长方形或杏仁状。你可以尝试先画一个你选定的几何图形，然后把这个图形当做一个盒子，在其内部画头，调整头部弯曲的轮廓，以便适应围绕头部的固定形状。

五官风格化

　　画完风格化的头形之后，再加上五官，让头部展现高雅和独特之处，让颈部活动更优雅，让眼神的力量富有个性与意志等。在这样的头部上，长长的脖子、丰满的嘴唇或大大的眼睛，面貌特征中任何一种都可以改变头部的外貌。因此，脸部的各个部分（鼻子、眼睛、耳朵、嘴巴、下巴、睫毛、眉毛等）可以单独调整，也有助于赋予绘画的风格化和个性。

确定扭曲的程度和头部形状以后，人面部的五官（眼睛、鼻子和嘴巴）也应该风格化，让它们符合你选择的风格特点。

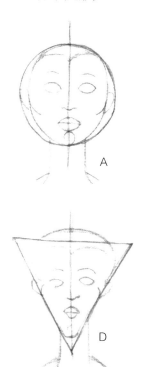

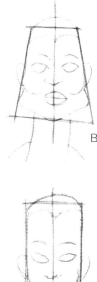

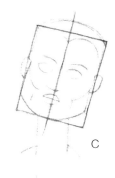

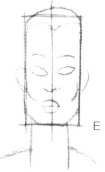

类型图解决定了风格化头部的扭曲程度，以及头部形状，这两者都是由你确定的。这里是几个不同类型的头部画像：
圆形（A）
梯形（B）
正方形（C）
三角形（D）
长方形（E）
杏仁状（F）

人的脸部包含四个要素：眼睛、鼻子、嘴巴和耳朵。下面将分别研究这些要素，以帮助你正确地表现它们的特征。建议你研究它们的结构，以及从不同的角度表现它们的各种方法。

你可以通过调整眼睛的形状、眉毛的长度或瞳孔的大小画出不同类型的眼睛。

眼和鼻

眼睛的重要性

眼睛是人脸上表达情绪最有力的部分，因为它们传达了多种多样的表情，反映出各种各样的情感。在所有的五官中，眼睛和嘴唇是最重要的。眼睛正好吻合眼眶对应的球形。在这个球形里，有眼睑（上眼睑比下眼睑更像杏仁状），眼球在两者之间。泪腺在眼角里面，位于鼻柱旁边。最后是眼睫毛，女性的睫毛比男性的更长、更弯、更厚。开始画眼睛的时候应该尽量画得自然一些，等了解结构之后，你就可以开始尝试画风格化的眼睛，放大瞳孔，夸张睫毛，调整形状，以达到某种特殊的表情。

眉毛的形状和弧度在很大程度上决定了眼睛的表情。

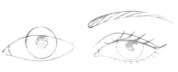

这是通过重叠画成的圆形和杏仁形眼睛的基本图解。眼睛的侧面图，可以用三角形来表示。

在画头部的侧面
图时，鼻子起着
主导作用。

画时装人物的时
候，面部特征处
于次要地位，有的
设计师甚至忽略人
脸。许多情况下，
往往是那些与服装
无关的因素成了人
物画的焦点。

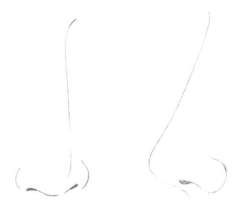

人物高度简化的时
候，鼻子也高度概
括，仅用两点或一
条线表示。

鼻子的必要性

　　鼻子是脸上最突出的部分。从正面看，鼻子被拉长了，装在一个正方形或三角形里。当脸部的尺寸放大时，面部特征非常细致，比如所设计的人物要化妆，这时就很有必要画出鼻子。另一方面，当人物尺寸很小或风格化被高度简化时，鼻子也经常画得简化，甚至省略。

鼻子的基本画法

　　画古典鼻子的形状应该从上部开始，画一条从眉毛到鼻尖的线。线条到下部的时候中断，开始画另一条线，在这条线的两侧画两条像括号一样的曲线，代表鼻翼。两边的曲线都略微加长，表示鼻孔。鼻子的侧面图通常都不难画。它最符合三角形的形状。这个三角形的角度由表示高度和底部的两条边决定。

这两项研究呈现了标准鼻子在高度简化的情况下，基本轮廓之正面图和侧面图。需要注意的是每个笔画的形状和方向。

嘴巴和耳朵

　　虽然嘴和耳朵很难画，但实际上，画起来并不复杂，画几个圆、几条线就可以了。就嘴而言，应该特别注意构成嘴巴轮廓曲线的起伏程度，而耳朵则可以依具体情况而采取简化甚至省略的方式处理。

嘴巴

　　对于许多面貌特征而言，对称尤为重要。画嘴的时候，可以画一条垂线作为轴线。在这条线上再画一条水平的直线，形成一个十字架，这样你可以确定嘴唇的长度。然后慢慢画出上嘴唇的轮廓，它薄而长，在鼻子下方形成一个弓形。注意嘴角处的线条略微起伏，形成一个弯度。嘴唇中间处的小弧度对于构建上嘴唇的形状很重要。下嘴唇则更加丰满、突出。在下嘴唇的下面画一条几乎不加修改的、简单的曲线表示下巴。嘴巴的侧面图也不难画，可以简化成一个三角形，画成以上提到的嘴巴轮廓的一半。

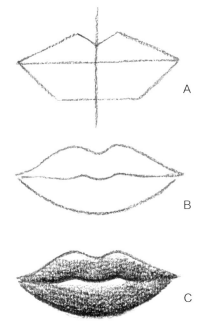

此处画嘴巴的过程是符合逻辑的。首先画两条交叉的对称轴，然后简单画出嘴唇的轮廓（A）。擦去先前画的线条，在上面画上嘴唇的轮廓，这一次是用更细的曲线（B）。最后，画出较淡的阴影效果，使嘴唇具有立体感（C）。

嘴唇应该看起来弯曲且丰满，尤其是当你正在画一条化妆线的时候。

在嘴巴的侧面图中，嘴唇可以简化成一个三角形，由一套水平的直线一分为二（A）。用直线画嘴巴的轮廓（B）。然后擦掉之前的线条，在此基础上画更弯更细的线条（C）。最后画上淡阴影，拿铅笔画阴影的时候几乎不用力（D）。

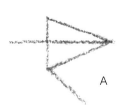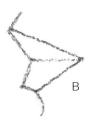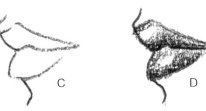

耳朵

耳朵是头部中非常容易画的一个部分，但是，耳朵也可能会画得不好。画一个非常简单的椭圆代表耳朵的轮廓，等到确定了恰当的形状之后再做修改。首先画一个圆形作为轮廓。在这个圆形里面再画一个更小的圆形。在这个原始轮廓的基础上构建两只耳朵。它内部的褶皱画成弯曲、螺旋的形状。然后，耳朵里面用铅笔略微倾斜地画淡阴影。耳穴的颜色不能太深或像个洞。

风格化，而不是漫画

每个面部特征都有完美的范例，我们在研究眼睛、鼻子、嘴巴和耳朵的基本结构时就已经提到了这一点。一旦你了解了绘画的自然主义风格，就可以开始专注于风格化的过程了。

修改面貌或扭曲面部特征，必须确保尽管模特儿画像经过扭曲，他们还是清晰可辨的。但是，你应该避免画成人物漫画，或者刻画成滑稽人物，因为这些风格并不适合时装画。应该是一种突出女性或男性人物美的风格，而不是模仿人物或者将其变成卡通画，这是风格变化的限度。

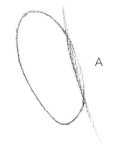
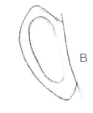
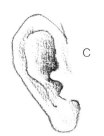

A

B

C

画耳朵，首先画一个椭圆（A）。在这个椭圆内再画一个圆。注意，这种处理方法是非常主观的（B）。擦去先前画的线条，然后再画耳朵的轮廓，将它改造成真实的形状，描绘出它内部凸出的部分。画出耳朵的阴影部分，使其具有立体感（C）。

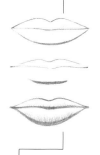

嘴巴由两个活动的部分组成：上嘴唇更弯更薄，下嘴唇更大更丰满。画不同的嘴巴，来变换它们的样子，这是一个不错的想法。

只会画耳朵的侧影是不够的，还应该学习如何从不同的角度画耳朵。

耳朵与鼻子处于同一水平线上，虽然说这一关系可以因为风格化而忽略。此处的耳朵画得比鼻子更小。

头发的质地用差不多并列的线条表示，顺着发型自然垂落的方向。

发型总是与设计协调一致。一些设计师喜爱将自己更古典的作品效果最大化，便采用精心设计的发型，创造原始、惊艳的形象。

头发：质地和发型

头发和其飘动的方式对绘画时装人物非常重要，因为发型的生机和动感能突出服饰的特点，或补充服饰的表达。古典、内敛的风格用在描绘高档女子时装的线条中。街头服饰中，无拘无束的线条更为恰当。对于显著的时尚潮流，则采用非对称和雕刻般的风格。

头发的质地

头发如缎子般顺滑，对于初学者来说，如何呈现头发的多种形态和质地无疑是个挑战。线条应该沿着发型合理的垂落方向，每画一笔都要考虑这个问题。直发用直线条表示，波浪发则用弯曲的线条，卷发包括螺旋卷和羊毛卷都用细涂鸦线表示。头发的触感如柔软、顺滑、蓬松，可以用涂层表达，或者通过刮蹭铅笔、粉笔、蜡笔完成线条。

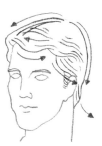

一种发型，无论看上去多么简单，实际上能有多种发式方向。注意每种方向有助于正确地在画作中呈现头发的形态。

直发时，线条必须是直的。同样，如果发式富有活力，妖娆撩人，线条也就必须表现出这些特点。

练习简化发型颇有好处。用几笔线条概括头发的形状和立体感，如果追求独特的风格，就要撇开细节和质地。

发型取决于形状、位置和风格，能赋予头部多种感觉：现代或古典，狂野或端庄，青春或成熟。练习画不同的发型有助于熟悉不同的类型。

发型的重要性

头发以及不同种类的发型配合服装的其他元素，共同打造模特儿的形象。因此，一如配饰很重要，采用合适的搭配衣物风格的发型来打造人物也十分必要，因为发型也能清楚地锁定设计的目标人群是何种风格。多样的发型能补充衣物背后的哲学，是将不同的流行趋势个性化的基础。

画头发要考虑的因素

正确画出任何发型，要按以下步骤。首先简约地画出头发的形状，再描入头发的垂落、卷曲或分缝。然后填充颜色，带出光和影的效果，最后表达质地，沿指定方向画线条，留出暗示同向线条的空白区域。线条协助表达头发的垂感或发型在每个平面的方向。丝绸般的高光能让头发显出丝绸质地，通过模糊或添加这类高光能带出顺滑的效果。当你的画作要求高度精细，那么这些效果是必要的。在快速素描中很难处理质地，但是会用定向直线带出简单的阴影效果。

1. 用不同的处理头发的技巧做实验很有帮助。此例中使用墨水和水彩彩笔。第一部是用铅笔画出头部的形状。

2.用刷子湿润纸面上填充发型的区域。这样墨水的效果就只显示在该区域。

3.在湿润区域用印度墨水刷几笔，观察颜色如何扩散，形成不同的阴影。在墨水块状区域中用水彩彩笔画几条线。

学习

雅莉珍达·贝尔蒙特
以装饰艺术为灵感的设计，2005'
黑色签字笔绘制、黑色压花。

着衣人物

对设计师来说，着衣的人物画像没有人体画像那么多初期问题，因为衣物遮盖了骨骼形状和人物的肌肉轮廓。然而，展示服装方面又出现新的挑战：如何通过衣服表现人体的立体感，如何准确地重塑人物的手势和姿势，如何表达衣物的垂感以及由垂感营造的折痕和皱痕。解决这些挑战的关键，在于观察衣物如何在自然垂落的情况一下贴合人体的轮廓。换言之，时装人物画是展示衣物的衣架。骨骼结构并不重要，人物像应该切合模特儿的特点，帮助呈现服装的剪裁和细节。

尽管衣物遮蔽大部分的人物形体（因此避免画过结构时可能出现的内在问题），着衣人物的问题在于处理成衣布料的折痕和褶皱，要求设计师理解特定情况下人物的姿态或形态。

裹覆躯干，调整衣物

从平面到三维立体

一件裙子的平面图包括轮廓，展示平铺在平面或挂在衣架上衣物的几何特性。当同一件衣物穿在人物的身体上时，折痕和立体感更为重要，几何轮廓完全消失，而是由不规则的、模特儿的骨骼线条的侧写代替。平铺衣物的绘图非常有用，但是若在躯干上展示，能更清晰地展示设计的独到和丰富的表达。

衣物覆盖身体时折痕和形状能隐示身体的骨骼。不同的衣物种类能或多或少展示人物的姿态或动作。记住折痕或褶皱通常和身体关节处（腋下、膝盖或腹股沟）吻合，身体凸出的部分如胸部、肘部和膝盖通常用布料的聚合或伸展表示。

平面时装图看上去像挂在衣架上，可以配合设计图，展示衣物并不总是需要画出人物。

衣服应该适合人物的身体形状和骨骼结构。一种方法是在作画时时候想象衣服是透明的。

轻薄布料制成的开叉、低领的衣物能展示人物的体型。宽松的短裙有利于画出骨盆。

衣物垂感

　　垂感取决于布料和衣物的线条，这些能为衣物营造或多或少的蓬松感，与如何展示人物的骨骼外形也有很大关系。相比宽松的毛衣或正装，丝质连衣裙或贴身和塑身的平织衣物更容易显示人物的体形。因此，衣物的垂感通常取决于长度和蓬松感之间的关系，以及布料和身体活动的空间。布料弹性越好，垂感越差。另一方面，衣物越宽松饱满，垂感越好。

小心处理紧身衣物

　　紧身衣物通常不起褶，通过其轮廓完美展示骨骼结构，肌肉的形状也能通过衣物展露出来。紧身衣物并不掩盖绘画中身体轮廓的缺陷：臀部过高，胳膊或短或长，腿部线条不精致等缺陷一览无余。这意味着如果描绘穿紧身衣物的人物画像，你首先要准确地画出人物的骨骼结构。

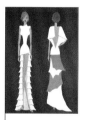

从不同角度展示同一个人物能为设计提供更多的信息，加强衣物的表现力。

本页的绘图展示了不同衣物如何垂挂在同一个模特儿身上。紧身衣彰显模特儿的体格，宽松的衣物隐藏了身体的骨骼结构，表现出更多的折痕和垂感。

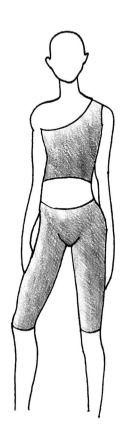
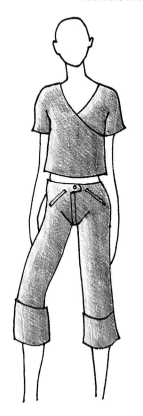
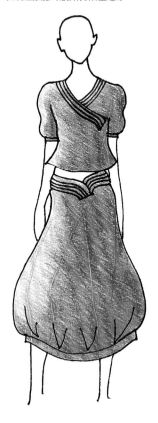

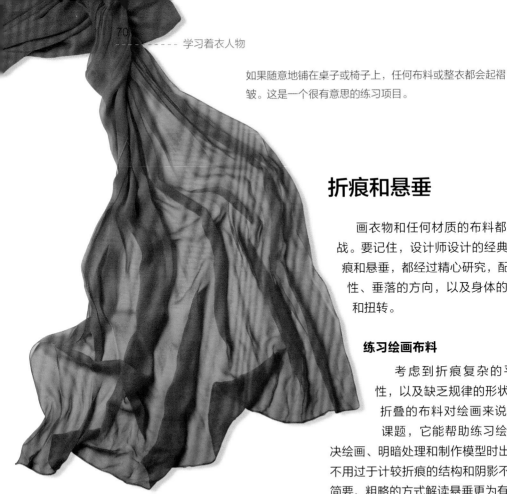

如果随意地铺在桌子或椅子上，任何布料或整衣都会起褶皱。这是一个很有意思的练习项目。

折痕和悬垂

画衣物和任何材质的布料都是有趣的挑战。要记住，设计师设计的经典服装上的折痕和悬垂，都经过精心研究，配合布料的特性、垂落的方向，以及身体的关节、活动和扭转。

练习绘画布料

考虑到折痕复杂的平面几何特性，以及缺乏规律的形状，悬垂的和折叠的布料对绘画来说是个抽象的课题，它能帮助练习绘画悬垂，解决绘画、明暗处理和制作模型时出现的问题。不用过于计较折痕的结构和阴影不够精确，用简要、粗略的方式解读悬垂更为有趣。

波纹折痕通常用折线作为轮廓表示的基础。阴影使用柔和的渐变，区分布料的每一波痕。

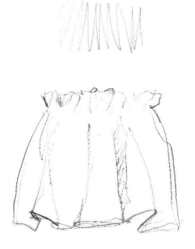

打褶衣物呈现出斜线皱痕，可以用简化生动的"之"字线描绘。阴影画在每处折痕的内部。

在桌子上将裙子弄皱

　　练习如何展示折痕和悬垂，需要使用铅笔或炭笔，画出裙子摆在或挂在桌子、椅子上产生的折痕和一般的形状。练习的目的是学习折痕的规律，通过线性的线条配合淡淡的阴影效果，在和谐的色调下营造立体感。练习的关键是正确地观察布料下垂的方式，以及将每一处起伏简化处理的方法。

折痕的刚度和柔性

　　模特儿身上衣物的折痕可以厚实、刚硬，也可以轻薄、蒙眬，让人感受到衣物下的形体。一块布料的折痕形成方式依赖于材质的坚硬度。如果能正确地呈现这种效果，你就可以在设计中表达衣物的垂感和折痕方向，也能表达布料的质量。换言之，几何状的、坚硬的折痕配合尖锐的边缘能够呈现结实、刻板的材料，而弯曲的、流线型的折痕通常表示如天鹅绒般柔软的布料。

短裙的折痕与布料的垂感有关，也应该考虑每个折痕的方向。

为增添折痕的立体感，可以从描绘阿拉伯花式的形状开始。阴影对比度明显，可以展现衣物的起伏。

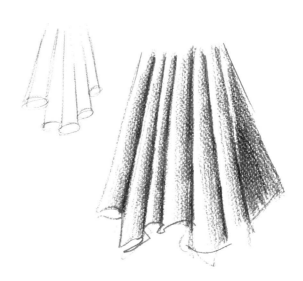

制造斜纹的效果通常用管状的阴影，每一处折痕阴影渐变，能增加起伏感。

垂感、斜纹和皱痕

悬垂是衣物在垂挂（形成折痕）在身体或另一种布料上时产生的形状。许多设计师采用各种悬垂来提升设计。在学会如何画悬垂之前，最好先了解它们，分清楚基本的种类。

衣物、薄纱和丝绸，尽管绉织物、雪纺、乔其纱、薄缎子或蕾丝也适合。材质的不同，会使同样的衣物产生不同的垂落折痕。

适合学习垂感的布料

任何布料都可以悬垂，但是最适合的材料需要同时具备两个特性：薄，但有垂感、重感。最常用的布料是平织

每种布料都有独特的垂感

在人体模特儿画中，能看到两种不同的布料垂感，两种布都是轻薄透明的丝绸。垂落较大的是丝绸纱，折痕大、变化多。另一种则是透明硬纱，能营造更大的空间、聚集或创造折痕。每种布料对斜纹、集聚或折痕的反应方式不同，因此在绘画之前了解他们，清楚它们的结构非常重要，以便在绘画中包含这些要素，因为每种折痕都有用武之地。

将不同的衣料裹覆人体模特儿，方便分析它们，并绘画垂感。

通过连接两种不同的布料也能制造不同的垂感和折痕。用彩色铅笔画出折痕的线条，用轻微阴影补充。

只是让一块布料自然下垂还不够。设计师应该设计出褶皱，这样能用线条笔画描绘出来，理解它们的方向和结构，不是一定要用阴影来表达。

悬垂

悬垂通过较规律的折痕营造褶皱的纹理。通常用轻薄的布料（丝绸纱）能产生柔和、精致的折痕。练习时找些有垂感的布料，能在模特儿身上披覆产生细小、平行的折痕。然后分析它的垂感和折痕，试用线条绘画，不用阴影。注意：所有的材料如何用不同的方式形成的褶皱。

顺纹理和逆纹理

布料是交织而成的。要找到针脚的方向就要先知道镶边的方向，镶边跟布料的自然垂落要方向一致，也就是织布中主针的方向。逆纹理的方向与主针方向垂直，长线横穿过主针方向编织布料。这两个原则能应用在所有布料上，除了毛毡（羊毛轧制而成）或针织布料。

一旦用线条画出折痕的结构，立体的效果通常用阴影表示。此处是一例精致的服饰效果。

集聚意味着将针穿过布料拉起形成环状。衣料上半部分收紧，下边看上去更轻，几乎没有体积。

顺纹就是主线的方向。逆纹垂直于顺纹，且取决于它交叉的暗纹。斜纹是织物的对角线。

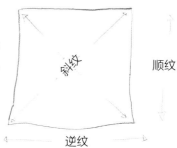

斜纹　　顺纹

逆纹

除了仔细着色，如果你仔细观察会掌握在每处折痕用一种颜色绘制渐变色的方法。中央的颜色较浅，越接近外部轮廓颜色越深。

观察两幅速写画，你能看出顺纹理的垂感（A）和斜纹上的垂感（B）之间的区别。就绘画来说，纹理的垂感可以用着重线和收敛的阴影产生折痕。斜纹上的折痕，可以用波浪状、弯曲和更明确的浅影，这表示阴影对比度更高。

斜纹上的垂感

"斜纹上"表示沿镶边的对角裁剪，而不是平行与镶边。这通常营造一种变化，垂感比顺纹理更优雅。布料越长，自然垂感越充分，更多的波浪和变化可以加在斜纹上的垂落。用粗糙布料，垂落效果不那么明显。

缝褶和荷叶边

缝褶是布料从上到下由一条线穿过的紧凑的折痕。布料折叠，经熨烫成固定折痕。缝褶能做成各种大小，缝褶的宽度由两褶间距决定。垂直方向上连续的、笔直的规律缝褶，常用来增加长裙和短裙的细节。许多设计中都有缝褶，最流行的是"德尔弗斯"，模仿希腊式束腰，"光线"如其名所示，如阳光光线般延展，形成扇状。讲述折痕和集聚的部分自然不能忽略"荷叶边"，布料集聚一处营造饱满感和立体感。

缝制的褶可以用来制造衣物的纹理，或者让衣物更漂亮。因为简单，这可能是最简单的折痕了。

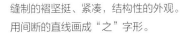

缝制的褶坚挺、紧凑，结构性的外观。用间断的直线画成"之"字形。

画折痕和使用阴影

画折痕和用阴影表示折痕时，很重要的一点是你的铅笔要反映人物身上衣料的感觉，清楚而正确地展现折痕的形状，在整个设计中有明确的地位。折痕的立体感可以通过阴影效果营造，或通过柔和的渐变来展示细微的、有型的折痕，只比身体形状更明显一点。两种情况下阴影都在折痕的内部，而设计的大部分都是白的，不需要渲染。

让别人在人体模特儿上固定一块布料，做出延展的、明显的、清晰的折痕。简单的模型是下一步学习的目标。

裙装的折痕可以简化处理，只要画出折痕的方向和明暗区域的对比，就像用刷子和墨水画人物时一样。

用刷子、墨水和一点水就可以画简单的素描，来分析色调的变化。

1.接下来的三个步骤，你会学习用线性表达方式呈现人体模特儿上悬垂的立体感，尽管这种情况下你不需要考虑用的是一块黑布。

2.轻微的小角度握笔在折痕的内部铺展阴影，不要加力。

3.为了画出立体感，要在阴影区域画出延展的渐变色和对比度，将折痕的光面处理成暗灰的阴影效果。

描画质地

制成服装的布料种类和手感既能提升设计，也可能破坏设计。因此，必须扎实地掌握展示布料的方式，了解能呈现布料手感的绘画效果。

学习简化质地

有三种展示衣物质地的基本方式。第一种需要严谨、一丝不苟的科学态度，通过折痕、褶皱和起伏来描绘材料的质地。第二种更可取的方式建立在观察的基础上，用简单、有用的方式捕捉并展示一种质地。这表示只在衣物上使用几个起伏效果，由光线决定明暗的对比。用微小的细节决定质地非常关键，其余部分由读者的想象填充。第三种方式就是用拼贴布，不用纸笔而用一块碎布。

使用碎布

处理质地的方式不仅限于作画，也可以在素描或设计图中融入碎布。许多设计师喜欢依质地绘出他们的灵感，通常手摸材料，而不是试图用完美的方式呈现质地。这是展示设计师需求、寻找制衣材料的一种快捷、直接的方式。在设计研究阶段，你可以通过粘贴、装订、手缝，或机缝、挖剪，或补花等做实验。

当衣物由安哥拉羊毛或毛皮制成时，需要在整个表面采用细致的绘图表现阴影。通常在一个不完整的区域画出毛发和羊毛状轮廓即可。

用素描本绘画时，试图展示质地方面的细节着实浪费，特别是能在画面上放下布料的碎片和装饰。

布料和刺绣有质地的表面，对不太娴熟的设计师来说是个不小的障碍。

刺绣

当描绘或彩绘刺绣表面时，你需要仔细检查原材料。通常用线性的工具，例如铅笔和毡头笔，而不是刷子。除了外观简明，展现刺绣需要注重细节、手工技巧，需要仔细处理某些区域复杂的设计。掌握这些技巧总不是坏事。但处理其他材料时，如果刺绣图案重复、区域过大，简化处理即可，将空白区域标明，不再重复细节。

皮草大衣

皮草衣物的特点是厚实的毛发长度不一，而整体呈现柔和的表面，要绘制皮草，首先用色彩重塑形状，不需要太注重毛刷的方向。一些阴影，浅色调或中等色调的涂层，这些足以。然后在基础颜色之上，用圆头细刷填充毛发，再辅以重叠的晕线。在大部分的深色与浅色区域色调一致时，这是可以理解的。短毛的皮草大衣，皮毛表面的明暗对比能营造质地的感觉。

刺绣需要更多关注细节。人物像上的衣物绘画应当简化，但需要配以样品，或有更多细节的附图。

用几块刺绣可以直接抓住设计的要领，并呈现在纸上。你要将速写纸或速写本的纸放在刺绣表面上，用铅笔轻轻地刮，刺绣的花纹便能通过刮蹭展示出其效果。

刺绣的花纹和绘制需要精雕细琢。为此，最好的工具是线性的——铅笔、毡头笔或尖头钢笔。

1. 皮毛大衣的质地用三个简单步骤表示。首先用铅笔画出形状，用黑水彩填充颜色。

2. 用棕色刷子混合灰色表示光的分布，在皮毛颜色变深的阴影处加大密度。

3. 用圆头细刷画出纤细、重叠的刷线，表达皮毛的质地，不要触碰浅色的部分，这样质地只在阴影部分呈现。

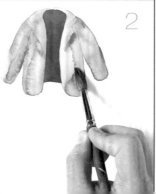

A

B

C

D

E

F

用刷子表达质地

　　刷线是表达不同材料质地的必要部分。一定要记住刷线的方向。依据你所想要的波浪效果，你的线条应该有聚、有散，来表达表面光和影的幅度。

　　一些细致的刷线能展示质地的感觉和立体感。但是如果你用水彩、彩墨或广告画颜料，通过运用技巧和方法能带出许多不同的皮毛触感效果。

A. 粒状效果，在水彩未干时撒盐粒，干了以后刮 掉表面的盐粒。

B. 将画好的衣物洒水湿润，在湿润的纸上，用水彩或丙烯酸填色。颜料延展，呈现模糊的轮廓。

C. 用白蜡刮设计图的表面，用稀释的丙烯酸或水彩，在上面填色，能产生大理石效果。

D. 用硬毛刷蘸少量颜料，用干、有孔的断续线条创造针织衣物的质地。

E. 在干透的绿色水彩之上，覆盖同种颜色的涂料溶解一点糖，该方法能改变强度和亮度。

F. 用紫罗兰色覆盖设计图表面，当干透后再用原色丙烯酸刷一遍。用裁刀的尖头在还处于湿润的颜色上画线条。

明暗处理质地

　　轻薄质地的衣物要呈现明暗的变化，不需要完整地展示材料的质地。你可以用收敛的、有计划的方式表达质地效果，通过明暗的处理和细致的线条，保证与质地的阴影部分一致，不接触浅色的区域。

透明和上光

　　透明度是光线穿过布料的程度，因此衣物下的身体形态能显示出来。尽管这种效果被称为透明度，实际上布料并不会完全透明，而是半透明的。薄纱或网能让布料下的物体显示出形态和色调，像是滤光器修正人们对衣物的感觉。当用水彩或丙烯酸作画时，上光是最适合制造透明效果的方式。

透明感的折痕

　　薄纱后的身体颜色有所扭曲，失去清晰度。裹纱的衣物看上去不那么硬实和顺滑，但能呈现褶皱和折痕，因此，多层次的重叠布料能修正透明度，但也令绘画更加复杂。有一处折痕透明度就大打折扣，如果多层折痕这种效果就完全抵消，衣物的色彩加强，尽管看上去不透光。

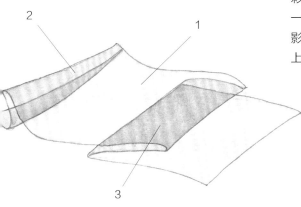

当为衣物绘制阴影时，衣料的质地常用阴影区域表示。

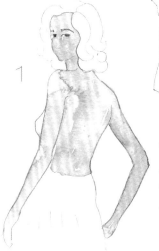

1. 要表达透明度，首先画出人物，涂上肉色，不加衣料。

2. 当颜料干透后，在上面叠加高度透明的彩色涂层。第一层绘衣物剪影，第二层只上在折痕处。

每一处折痕，意味着用新涂层覆盖底层颜色。因此浅色区只有一种颜色涂层，深色区会上三层同色彩釉。

花样：探索形态和颜色

衣服常常是一块"白布"，任由设计者在其表面融合几何技巧、神奇人物、颜色和独特的花样。作为时装设计师，你需要恰当的绘图技巧来展示你的花样。

探索新设计

做印花是用形状、颜色效果和几何图形做实验。这是极富创意的过程，你需要拿出纸，准备能调制多种颜色的调色板（水粉、墨水、丙烯酸或水彩），挑选刷子，让想象力自由地发挥，以点、漩涡、涂鸦，协调装点你最喜欢的布料。

在纸上或黑板上，用不同的颜色效果、线条、纯色和图形的拼接做实验是一个不错的注意。一些颜色也许会成为下一件服装设计的花样。

你需要的只是有强烈图形效果的设计，能作为花样用在连续的布料上。

重复一个设计

重复是将设计的元素、细节，或装饰品进行反复的呈现。简洁的彩色符号或非常简单的点，都可以反复出现，直到铺满这个区域。这些设计由鲜明的形状和颜色组成，是在连续布料上制作花样的基础，花样可以印在透明的或酷似底片的纱布上。

要获得原创设计，要诉诸传统的颜料箱，用创新的混色做实验。

使用加大码彰显图样

当在人物像上表示花样时，设计师通常只展示衣物遮盖的那部分躯干，或采用比通常尺寸更大的整个人物，也就是加大尺码。加大花样的尺码或在框里显示，能清晰地辨别印花，能观察设计如何贴身。

为花样上阴影

为衣物上的花样上阴影有两个选择。第一个是在阴影明显的区域展示花样的全部细节。在光直接投射的区域花样不那么明显，甚至有些模糊。第二个选择是在一个花样上区分光和影，将阴影区用更强烈的饱满的颜色，而在明亮区域用浅而柔和的颜色。这样一种单一的颜色能在衣物的不同部分呈现色调的变化。

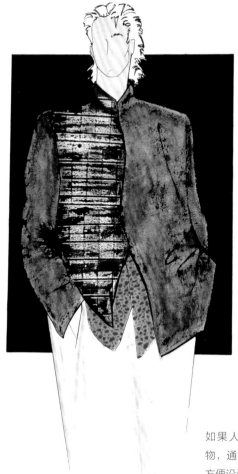

素描板是设计图案所需的试验田。你可以在上面敲定想法、颜色和形状，帮助你去完成整个时装设计。

如果人物穿着带花样的衣物，通常加大衣衫的尺码，方便设计被人们欣赏。

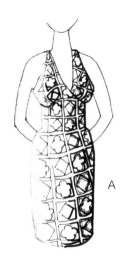

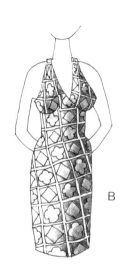

如果你希望只用线条为图案上阴影，在阴影处加重线条。在浅色区，画作显得更蒙眬（A）。处理颜色时，如果阴影部分的色调更饱和浓烈，而边缘颜色就更苍白（B）。

花样中的反差与和谐

  考虑到颜色在设计中的重要作用，反差与和谐是设计花样的两个基本原则。衣物上明亮、饱和的颜色的反差效应能引人注目，能打破整体的单调。另一方面，和谐的反差暗示着相似性，而不是差异性，只要颜色的组合不冲突，材料也能很好地配合。如果要设计没有太多反差的精细的花样，你需要在插画中微微夸大颜色的反差，防止微妙的差异轻易流失。

处理饱和的、光谱上相反的颜色能呈现惊艳的花样。

修正人物形体的花样

  一些花样在衣橱中不同的服饰上能产生一种光学的幻象，能修正人物的体态。花样可以强烈或柔和，可以呆板或灵活。例如，印花衬衫上叠加有组织的鲜亮颜色或几何图形，能完全掩盖人体骨骼形态，呈现出活力。印有水平、对角或垂直的条纹来修正人体的轮廓，可以让人显胖、显瘦、显高或显矮。花样能用来彰显或掩盖身体的某些特征。

如果需要更加和谐的效果，可以使用光谱上同一色系的颜色，例如各种蓝色。

花样不仅能为模特儿增添生动的颜色，也能修正轮廓和人物的特点。

条纹

条纹能修正对人体形态的感知，能引领观赏者的眼光从上到下，从对角线、沿"之"字形扫过衣物。这有几种常见种类：

◎ 垂直条纹，彰显高度，使人体优雅、纤细，因为条纹可以让目光从上到下扫过身体。

◎ 水平条纹强调宽度，使人物显得较矮、更结实。

◎ 对角条纹能让布料更有动感。

◎ 条纹花样可以分叉，成反方向条纹。

◎ 弯曲的条纹，让衣物显得更柔和、更缓和腰部的曲线，或者让目光扫过身体的曲线、胸部和臀部。

◎ 从一点延伸出的辐射条纹仿佛是光线，这种花样常用来设计半裙的样式。

A. 垂直条纹让人物更纤细。
B. 水平条纹让身体更显宽。
C. 斜条纹有动感效果。
D. 分叉条纹产生冲突感。
E. 带弯曲条纹的花样，可以修正身体的轮廓。

A

B

C

D

E
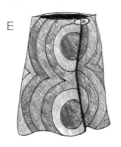

花样不总是需要规律地重复。任意的分布会使花样更具有张力，衣物更有自然的生长力。

格子永远不会过时，能让衣物显得更典雅。

为人物绘制基本的阴影

时装绘画中阴影面积的使用并不大，然而阴影能更清楚地展示服装的形状，因为光影的对比能提升立体感、质地感和轮廓感。

光的方向

要照亮人物最好使用从侧面打来的光，而且，最好稍微架高一点的位置。光照亮人物的一侧，另一侧在阴影中，这样的反差能清晰地展示衣物的轮廓和折痕，增强人物的立体感。如果你要强调衣物的立体感或褶皱，这种强烈的反差是必要的。铅笔上阴影应该用平铺的纯色调，使用块状阴影技巧。

阴影应该出现的位置

你现在了解清楚照亮人物的最好选择，但是，如何在实践中去应用？怎么展示阴影，在何处展示？需要上阴影的地方包括：在身体上折叠起来的布料，例如领子，夹克的内线和口袋；轻微凸起或明显的空洞，或下沉的区域，如领口、腋窝处折痕；因立体效果而突出的部分，如胳膊、体侧或大腿里侧的折痕。

用粗线做阴影只是象征意义上按照传统做法形成风格。常用马克笔画出的粗线条来强调身体的一侧。

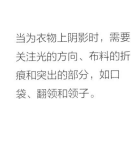

当为衣物上阴影时，需要关注光的方向、布料的折痕和突出的部分，如口袋、翻领和领子。

身体一侧的阴影要与灯光光源的投射起点相反。

用粗线

　　时装设计师常用的方法是用马克笔画一条粗线强调人物的一侧。细线条配合高亮区域，而身体另一侧要用粗重的线条，与光源方向相反，这也是一种表达阴影的方式。这种上阴影的方法能令人感知人物的起伏和深度，也强化身体的曲线。

细致描绘阴影

　　在完成的插画中，画阴影不是简单的描绘或大面积块状的粗描。为了精确地展示衣物的质地和折痕，也需要细致地画阴影。这是一个复杂的过程，你需要用两种或三种相似但深浅不同的颜色，结合使用形成渐变色。彩铅配合湿润的刷子特别适合这项工作，因为它们精细、柔和，色调效果夺目，适合微小、细致的润色。

　　要特别关注袖管和身体连接处的折痕。学生常常会忽略这些区域。

1

2

1. 要用水彩在粉裙子上绘出阴影，先用彩铅绘出人物的轮廓，再用红色彩铅标出褶皱。

2.粉色彩铅用轻柔的线条为裙子表面上色。

3

4

3.在粉色线条之上，裙上每一处褶皱都用品红色加深，高亮区域仍是粉色。

4.用湿润的刷子扫一遍彩色区域，以便统一线条，柔和阴影部分。

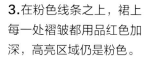

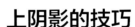

上阴影的技巧

在上阴影之前，就要研究光打在衣物上的方式，从而决定你要通过插画表达何种风格，你想要强调衣物何种特性和外观。一旦做出决定，你就能选择所要求的阴影方式。

线性阴影

当你使用诸如铅笔、毡头笔等线性工具上阴影时，首先要画出衣物的轮廓。用简约的格调描画突出的折痕。折痕通常从内向外画，而不是反过来。每处折痕的内部用对角晕线加深，线条看上去交叉或重叠。注意这种画晕线的方式满足于素描阶段，但是，用涂层画阴影不适合高度精细的设计项目。

1.此例展示了如何用晕线上阴影。起点是用铅笔画出人物。

2.握住铅笔中部，用力要轻。用画晕线的方法画一般的阴影。

3.手握接近铅笔尖的部分，加大力度。在初步的线条之上叠加更多的晕线，加强阴影效果。

4.最多上两三层晕线便足以用线性线条为人物上阴影。

结合线条和涂层

结合线条和涂层是最完整的上阴影方式，对时装设计也是不二之选，在整个人物和衣物的绘画中都要使用。首先，要清楚地标出衣物的轮廓和褶皱，表达出质地，然后用高度稀释的黑墨水做阴影涂层。

当然，这是在你只用单色调的情况下。涂层也可以用不同颜色的水彩。

1.用墨水涂层上阴影，过程与前面描述的相反。用水稀释过的蓝色油漆将身体阴影的一侧上色。

2.在这层涂层干透之后，再涂一层更深的颜色，与阴影区形成反差。

3.用两种色调的蓝色，就能简洁有效地展示时装人物。

三种阴影

时装绘图中阴影技巧分为三种基本类型。

◎ 渐变的阴影，应用在衣物上表示褶皱和折痕，用一般的渐变技巧。这种阴影主要目的是增强人物的立体感，而不用处理细节或质地。

◎ 现实或经典的阴影，使用在需要展示大量细节的衣物上，因为这种阴影源于学院派细致的绘画风格，能够精致地描绘质地、折痕和褶皱。有时这种阴影倾向于漫画的语言方式。

◎ 装饰或象征意义的阴影，如图所示，纯粹为了装饰。这只是为表示阴影也是整体设计的一部分。

渐变的阴影适合简单又不需要太细致的人像。

现实或经典的阴影最适合展示衣物的起伏、质地和褶皱或折痕。

象征意义的阴影纯是装饰，不需要任何描述性的功能，或提供任何有关质地或折痕的信息。

绘画装饰品

　　装饰品是衣物的拓展，将设计的创意延伸到脖子、手、头部或脚。时尚装饰品，在衣橱中的地位日益提升，这表示设计师必须仔细考量，发掘饰物的潜能来为衣物添彩。

鞋子是女人衣橱中重要的元素，能打造套装的效果，也能破坏效果。

作为象征的饰品

　　物件最初的功能是以实用为主（腰带、帽子、手袋），或者是展示魅力（珠宝、手镯和项链），配饰逐渐演化为醒目的装饰品，获得审美艺术创造的地位。饰品已经演变为区别和个性化的象征符号，是服饰的理想补充，区别个体和其他人，成为个体性和权威性的象征。

创意工作

　　时装设计师必须敏感，掌握和解读每季饰品的潮流和审美线条，以便为设计中的服饰选择最适合的饰品，最能提升服饰质量、平衡商业价值。为丰富作品，掌握诸如鞋类、手包、珠宝、帽子等饰品的技巧和主要特性是个不错的主意。你可以从丰富的饰品世界中选择适合设计风格的物件，或绚丽，或夸张，或奇异。

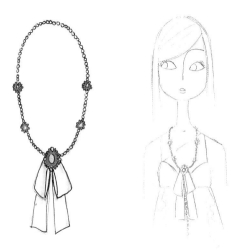

珠宝实现装饰物的功能，许多时装设计公司自行设计装饰品。

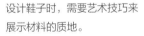
设计鞋子时，需要艺术技巧来展示材料的质地。

在时装插画的世界中，鞋子通常是极高的跟，甚至有些夸张。

鞋类和手包

鞋类的效果大部分由鞋底和鞋跟的形状决定。除了增加女性的高度，鞋的高跟亦能让女性更性感，将观者的目光吸引到腿部，更优雅地呈现衣物。手包也有类似元素，只要匹配衣物、颜色、形状和质地即可。大部分设计师设计独特的单品，从图形艺术或客户需求中追寻灵感。夸张、奢华、独创，这些都是21世纪女式鞋和手包的重要元素，而男鞋在设计上仍趋向于传统。然而运动鞋进步显著，因此设计数量颇多。

礼帽

除了在恶劣天气中保护头部，帽子一直以来是区分社会地位、政治或意识形态倾向的象征标志。然而，直到20世纪，帽子才逐渐走入大众，成为装饰。女式的帽子形状、颜色、质地丰富多样，而男式帽子仍是最传统的样式。审慎使用帽子是精致地润色一种风格的矫正线，特别是女装，有助于个性化服饰的设计。现在传统的礼帽已经屈居鸭舌帽之后，但是，不论使用怎样的形状和材料，任何遮挡毛发的方式都是向每个阶段时装设计致敬，反映主流的价值和趋势。

帽子能展示原创性的触感，使套装更人性化。

设计装饰品时，绘画要比时装人物画像更精准、明朗。此例用固定头的毡头笔完成。

以绘画为基础，皮包的颜色和质地以及金属的框架通常用水粉和铅笔呈现。

项目开发

"我的灵感：身边的女性、街区、巴洛克、毕加索、马蒂斯、凯瑟琳·德纳芙、马拉喀什、露露·德拉法蕾斯、我的助理、阿特拉斯的太阳、塞尚、歌剧院、凡·高、蒙德里安、巴黎、努里耶夫、农民、我的斗牛犬、普鲁斯特、科克托、西班牙。"

—— 伊夫·圣罗兰

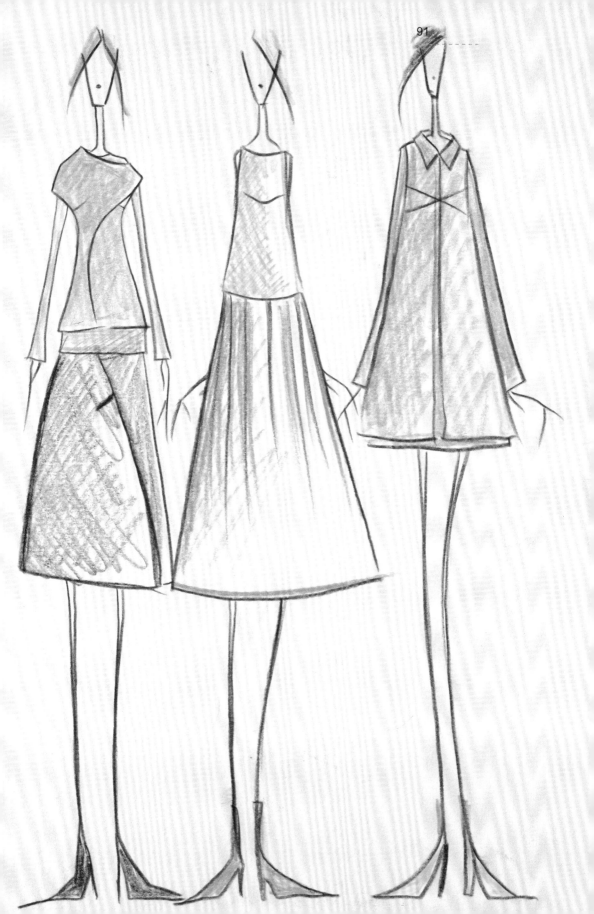

了解客户

贝尔塔·西斯
布料材质项目，2000’
签字笔、彩铅及布料样品制作。

和市场

　　时装的目的，就是要想出具有吸引力、易于满足客户需求的产品。这意味着设计师必须调查和了解时装趋势并发挥其创造能力和技术能力，让自己的想法满足市场和时装产业的需求。仅是想出原始提案或者具备源源不断的创造力是不够的。一名设计师必须努力建立对消费者一定程度的同情，并创作出商业上可行的作品。

客户和公司

时装界不只将服装作为一种艺术创作的产物来关注。服装还必须作为一种工业产品，能够满足分布广泛市场的不同需求。设计师必须尽心尽力地了解潜在客户，并满足不同消费者和品牌的偏好。

研究潜在的客户

开始一个项目之前，研究潜在客户的需求是个好主意。你要做的就是试图想象一位客户的简况，他（她）能够符合你的设计和服装理念。对客户的心理情况进行概括时，考虑他们的性别、年龄、经济状况、职业以及其他可能会影响一个时装选择的因素。如果对其中每个方面进行分析并试图寻求这些问题的答案，你将能够制定一个非常接近潜在客户的概要文件。鉴于设计师的目的包括满足客户的需要，并总是从他或她自己的个人观点和风格出发，你的研究应该涵盖设计的各个方面，包括面料和颜色的选择，服装正式或非正式的特点，当然，还有其最终可能需要的成本。

分析市场

设计师能够研究预测潜在客户的意向趋势。准备这些分析的同时，要考虑涉及人口统计学、社会学和经济需要的各种通用因素。对一名设计师而言，事先了解这些信息非常有用。根据年龄和人口分布（很明显，人口较为集中意味着较多的潜在客户；另一方面，小镇的人们在穿衣打扮上比城市或沿海地区的人们花样要少）的趋势，研究分析消费者的购买习惯。研究对象还包括人们如何生活和工作，以及这些因素如何影响其着装。人们根据自身的社会阶层和购买力选择着装，并喜欢以此表明自己的社会地位。为预测重要趋势，包括这些研究和商业时装场所提供的信息（专门分析客户行为和偏好），都必须经过认真考虑。

人们根据不同的地理位置选择不同的着装。城市时装更加大胆，城市里的人们倾向于穿较明亮的色彩。

研究你的潜在客户。速写本是收集照片、想法和设计的好地方，为了决定最适合你项目的风格，这些可以用于分析市场。

时装品牌的风格

许多设计师都与时装品牌有关联，后者在新时装或创意作品的开发中投入大量的资金、时间和经验。这些作品获得认可并取得成功后，为保护其产品，时装品牌随即给之一个独特的、容易辨认的标志。在这一点上，设计师常常不得不放弃他或她的个人声望，为致力于时装品牌风格的团体利益而匿名地工作。所有著名品牌都有各自独特的风格，均在其设计理念中体现出来。设计师作为一个个体失去了重要性，真正重要的是时装品牌在媒体面前的形象，以及公众同该品牌代表的穿衣风格之间的联系。

风格的重要性

时装品牌需要确定一个明确的、具体的风格，这是其成功的根本。品牌设计者必须为品牌利益工作，将任何个人特征保持最小化，带着共同的目标创建一个风格，这是一种能够传达思维、生活、着装和行动方式的态度。时装品牌的风格应与其了解的客户概况密切相关，而且应寻求方法建立同群体的联系，后者能够与时装设计一样，传达出相似的利益和生活方式。当服装设计符合客户的个性时，就建立起这一联系，在内在个性和外表之间创造一种和谐的感觉。

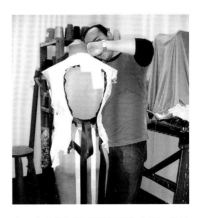

在一家大型时装品牌的工作室里，设计师匿名工作，使其创造力适应该品牌的风格。

在为一家品牌衬衫工作时，即便该品牌有其明确的风格，设计师仍然可以将个性化的特点加入其中。由帝维纳斯·帕拉布拉斯设计的"电视：看或不看"系列作品。

创造性的局限

在考虑为时装品牌公司工作时，设计师面临着某些限制，决定是否为一个特定公司工作之前，他们要对这些限制因素进行了解和评估。在忠实于自身品味和取悦客户之间，设计师必须找到适当的平衡点，尤其是在时装品牌拥有一个限制创造力的、十分明确的风格时。公司高管不得不批准这些设计，从他们的角度来看，渐渐适应客观地看待问题并努力进行自我批评是很重要的。作为一名设计师，一个好的设计和最能吸引你的设计不一定就是一样的。

品牌理念

品牌是第一位的，而时装设计者和创造者则需要默默无闻地工作。品牌的创作风格从属于能表明制造商身份的企业形象、特质、标志、签名、附件或者设计的某个特定方面。重点是品牌识别，我们已经明确了时装与品牌风格的联系，而前者属于时尚品牌的一部分。客户之所以选择一种品牌，是因为对服装风格、传递出的态度以及相关生活方式的认同，或是因为他们希望借助产品获取这种态度。你将被要求设计并不完全符合自己风格和品味的服装。真正专业价值在于能够把热情和激情用于品味不同于己的设计中。

你会被要求创作一些不完全符合你个人风格和品味的服装。而真正的专业人士之所以得到重视，是因为即使是与他们个人品味不同的设计，他们也能够投入足够的热情。

在一家大型时装公司工作时，你必须在自身品味和品牌要求之间寻求一个平衡点。这里有一些为一家商业公司设计的毛衣草图。

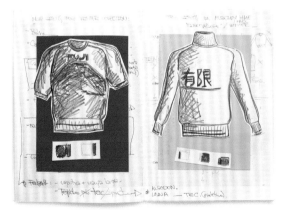

大型时装公司的服装设计包括与本书所述相似的过程的不同之处是，该公司从一开始，甚至从第一张草图开始就参与了设计。

时装学校的学生不仅接受如何创造出独特设计的培训，还接受设计类型和印刷等培训。

许多时装公司对设计服装的配饰感兴趣。因此，经常练习配饰绘图并记下每件设计的特性及独特的方面是不错的想法。

规划时装系列

"系列"是一个商业意义上的术语。规划一个系列需要考虑服装创新和现代特征，需要从整个衣柜的服装出发进行构思设计，这些服装能够展示一个共同的、统一的概念，能够从头到脚各个部分达到平衡，可以有许多不同搭配方式的服装，甚至在必要时，能与其他品牌或另一设计师协调互换。这样做的目的多种多样，吸引消费者最大限度购买衣服。独家设计针对的是部分公众，虽然规模不大，但是具备更高层次的购买力。

时装秀上出现的独家设计并非针对普通大众。这些时装秀客户的购买力水平较高。

大型时装公司的设计师往往不参与模式设计工作。而另一方面，小型时装公司的设计师通常是参与原型制作的。

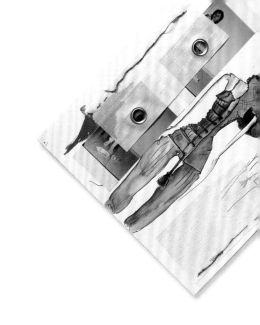

一套时装：一组想法

一旦确定要为之工作的公司或客户类型，你就要决定自己感兴趣的风格并完成研究过程。现在你要讲一个故事，这是掌握设计的关键时刻。一旦该过程完成，你应该在设计中找到自己灵感的源泉，使该项目的主题连接在一起，或许还有其他联系的目标。

创作故事

在开始设计时装系列之前必须找到一个主题，基于单一灵感的源泉，与该系列相符并能同你的故事或概念有联系的设计、颜色和纹理，开发一个服装系列。你可以记下一些主题或想法，然后从中做出选择，根据风格的密切关系进行排列，并依次评估其创造的可行性、创意性和多功能性。制作一组照片拼贴是很好的锻炼，将与主题选择相关的图像汇集在一起，作为灵感的源泉，同时，也是一种将你的想法连接在一起的方法。

绘制草图

一旦明确主题，你要做大量的笔记并绘制一些草图，几乎不用思考。这种做法是为了让你将对主题的第一印象写在速写本上，画一些图形和设计图案并附上注解，这些注解可能包含深层次的有用信息，然后分析想法，利用并将其扩大，针对你已经选择的不同形状、颜色和材料进行多种尝试，还可以尝试新形状的袖子、领口等。学习横向思考，对印象进行对比，对思想进行评价，并能自如地将自己的想法表达出来十分重要。

为找到合适的时装系列主题，这一过程是基础。你能够从优秀的时尚女装设计师的作品中找到灵感。

从主题出发，基于对服装的不同理解及其改编样式画出的图形，它们通过一个系列、一种风格、某些装饰品或细节相互关联。

画草图阶段有助于明确时装系列。下一步是在速写本上画出带有颜色的模型。这时，图案的设计和结构应该十分清晰了。

有好的想法时，尽你所能将其表达出来。这是一个重要问题，由一个想法衍生出多个。这是一顶带图案的帽子。

目的是协调

在服装创作中，为生产服装而开发多种相关的想法十分必要，使这些服装不仅能够作为单独的一套衣服，还可以在服装搭配组合时保持协调。这意味着服装应有各种各样的形式、用途和审美关系，并且只要切实可行，还可以将其搭配起来，有条不紊地关注重要因素，如风格、色彩、式样、形状、类似模式和产品的使用，都有助于服装的协调一致。当你对设计满意并认为它们值得开发一种样式的时候，就可以开始选择材料和样品了。

制作系列作品指南

总结一下，在制作系列作品时，考虑一下几点：

1.确定要设计的服装，并计算出每套服装需要几件。

2.头脑风暴。在纸上写出头脑中想到的关于服装开发的所有想法：形状、式样、配饰……一切有用的东西。

3.理念汇集在一起，设计图案渐渐明晰，为避免重复，应当做一个服装的列表。这些服装可分为上装、衬衣、裤子和外套。

4.创作一个或者多个剪影，以确定这套服装是白天穿的、晚上穿的、派对专用的还是能够混搭的。

5. 建立一个包含材料和颜色的图表。

6.最后，收尾的工作逐渐明晰：扣子、配饰、印花、刺绣等。

时装应当是包括用途多样的服装，它们能够互换和搭配。换言之，一套衣服的上衣可以同其他系列服装的短裙或者裤子进行完美的搭配。

以下部分将回顾时装创作的主要理念的依据。需要对真正的项目，连同专业设计师采取的措施进行研究。你会看到设计师如何坚持一种理念和统一的美学参数，如何选择颜色、印花和材料有助于服装的协调一致。

服装的主题与美国西部农场主有关。

设计一套时装

时装的主题

完成草图和草稿之后，主要任务是创作一套同主题一致的服装。在这种情况下，项目的故事与美国西部的审美相关，那里是牛仔的世界，牧场、牛仔裤、格子花纹的材料、打结的围巾和宽边的帽子尽收眼底。

为赋予服装独有的特征，设计师需要对主题进行深入研究，从而能以一种清晰而又简明的方式传达概念。如果没有任何噱头、装饰、插图以及其他无关紧要的说明，清晰明确并与美国牛仔竞技表演的审美相关的颜色、形状和纹理传达出的信息效果更佳。

任何服装都应满足两种观点：一种是普遍性的，显示了与整体的一致性；另一种则是个性的，因为每件衣服都应有各自独特的适用领域，并可以去关注细节设计，这样人们就会喜爱。

用铅笔画出了一系列具有代表性元素的草图，图案包括牛仔裤、宽边帽、围巾、粗蓝布服还有夹克等。

目录表

规划服装系列的一种方式是，绘制出所有衣服的草图，将系列整体展示。可以在纸上依次将整个系列用极为简单的示意图，或者草图的方式进行绘制，就像列出所有衣服的目录表一样。这种服装系列的规划方式能够确保系列的统一性，能够研究服装剪影的效果，还能够检查是否有不合适的设计，简而言之，充分发挥每种形式的作用。

可以调整和互换的作品

能够互换和搭配的部分，通过汇集广泛的样式和一系列颜色和印花，可以加强服装设计的效果。在这种情况下，蓝色和格子的使用达到了这一目的。每一件衣服的创作和完成都需要深思熟虑，保证最多的可能性在牛仔系列中得到体现。服装的设计应有特定的实质，包括重要的、基本的思想和不那么抢眼的部分。还要注意，尽管整套服装应该包括丰富多样的可协调和可互换的衣服，仍然要确保避免不必要的重复。

通过示意图和简约时尚的方式，目录表体现了整套服装的所有样式。

需要牢记选择最具代表性的服装材料，在这种情况下，格子与主题最为符合。

项目的最后一步是对包括细节在内的决定性设计进行解释。代表性服装应当十分明确。

寻找

灵感之源

在寻找灵感中，专业设计师不断开展调查，关注各种时尚界开放的信息（杂志、竞争引发的创新，新面料）渠道，从中获得微妙的审美变化，最重要的是观察人。设计师应关注时代的改变，接纳新思想，仔细观察周边环境，寻找可以纳入新设计的主题。设计师也应该了解新材质、印刷技术、按钮、紧固件或其他任何与时装设计相关材料的使用。

剪报能够为服装设计提供有价值的信息和灵感。

搜集信息

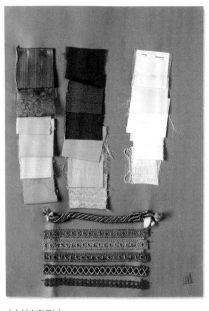

（材料索引）

杂志、时尚出版物和贸易展览会的目录，能够让专业的设计人士及时跟进优秀的服装设计师和世界主流时尚创作中心（巴黎、伦敦、纽约、米兰等）。尽量在力所能及的范围内跟进真正的新潮流和新设计，全部吸收并在速记本中记下你最感兴趣的内容。

杂志

时尚和风格杂志是源源不断的灵感之源，里面有无数的照片，展现着最新的时尚创作、最时髦的样式和可供绘图用的姿势。这些杂志也是时尚界向世界传达最新潮流和最新创作的一种渠道。作为一名设计师，你需要搜集图片和感兴趣的文章，包括你喜欢的有用的视觉信息、巧妙的设计和解决方案或者成套的新颖服装。不要只是借助当前的时尚杂志，还可以从旧杂志、图书甚至家庭老照片中获得灵感。如果不能从一本有价值的书上撕下书页，就拷贝一份。

在展览会上搜集信息

如果有机会旅游，世界各地都有材质和面料的设计比赛、时装表演、展会等商业活动。任何活动都将带你接触时尚产业的来源，搜集颜色和预测创作的第一手信息、纤维和布料的种类，为男性和女性设计的新型服装系列等，所有这些将有助于指导你朝着业内更专业的设计师前进。许多设计师不断地周游世界，收集信息，在时尚杂志上发表或供给业内的公司和品牌。

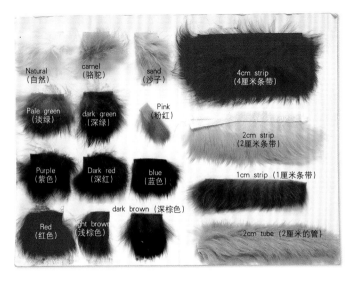

Natural（自然）　camel（骆驼）　sand（沙子）　4cm strip（4厘米条带）

Pale green（淡绿）　dark green（深绿）　Pink（粉红）　2cm strip（2厘米条带）

Purple（紫色）　Dark red（深红）　blue（蓝色）　1cm strip（1厘米条带）

dark brown（深棕色）

Red（红色）　light brown（浅棕色）　2cm tube（2厘米的管）

参观毛皮制作或纺织博览会是很好的方式，可以直接接触材质，并汇集带编号且排列在纸板上的样本。

受到最喜欢的设计师设计的服装启发，将其转变并改编成你自己的风格。

仿效你的最喜欢的设计师

从照片、杂志、期刊或时装表演节目单剪下来的内容，应该保留在速写本里。当这些信息混合在你的草图、笔记和图案中，就可以将感官信息与你绘图的形式和印象结合起来，体现出自己的灵感。同时，你还可以搜集最喜爱的设计师的感官信息，并试着表达出从其作品中获得的灵感。当然，避免公然抄袭，但可以从别人的设计着手，略微对其进行修改，插入不同的饰面或纹理，试图在项目中加入你自己的风格。你必须在有个人风格的"剽窃"和原创之间取得平衡。

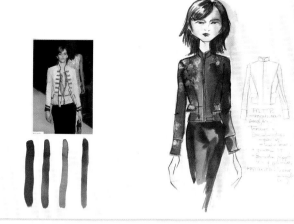

速写本作为原始资料簿

速写本应该经常和相机一起使用。两者共同形成个人的档案资料，内容包括你认为具有启发性和刺激性的一切事物，一种收集任何有趣主意或获得灵感的服装的视觉日记。它们应该成为你的原始资料薄，收藏着人物照片、身体姿势、衣服、细碎面料、色彩图表、日常用品和不得不裁剪掉而又仔细粘贴好的装饰图案。做法是在展开的双页上将它们拼接在一起，它们属于不同的项目，能够帮助开发你自己的想法。当你收集了足够多的图片和想法，就可以开始独自进行设计了。

日积月累，这些速写本就成为可供参阅的有用资料，从而获得新的灵感或者重新获取想法。

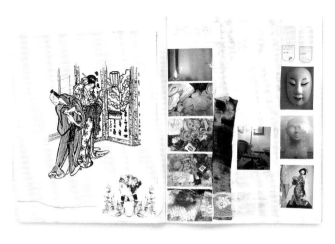

将速写本作为资料簿使用。在里面粘贴照片、剪报或布料样本，将在某种程度上可能有用的想法放在一起。

这里的研究对象是一项简单的纸灯罩，其中新的形状导致了以下设计效果。

设计学校鼓励学生描绘出真实生活的方方面面，研究环境——学生生活的环境，并尽力将研究对象视为取之不竭的思想源头。当你从最初的物体中不断取得进步，上升到新的、具有创造性的渠道，结果会更加令人惊讶。

物体的形状

一顶纸灯罩

如果你以设计师的眼光观察周围的事物，你会发现灵感存在于任何地方、物体或概念，你可以将这些灵感应用到原始材料中。从一顶简单的纸灯罩就可以得到一件衣服的启发。其精密性和易损性以及迂回的形式值得注意。在对物体密切观察的基础上，你能够真正欣赏你认为具有启发性和美感的东西，物体的轮廓、阳光照亮纸的方式以及将整个物体构建在一起，并保持其空间定型的内部肋状支撑框架。

系列研究

将灯罩在桌子中间放好，点亮，然后就可以开始系列研究。在速记本上写下对该物体的不同理解，尝试对其进行分析并将其形状和主要线型内在化。

获取本质并发现灯罩转换成衣服时该保留哪些形状和特点，该丢弃哪些，是更好了解物体的第一步。

简单的几笔，加上淡淡阴影的强化，足以给物体一种立体感。

1.绘图的首要目的，是吸收物体的形式，在速写本里，草图会随着对物体的不同理解而不断变化。

2.将物体形状应用于具体的人物，检查设计是否符合要求。为寻求最佳选择，进行了许多变化研究。

3

4

绘制"娃娃"

下一步是将物体的形式应用于具体的人体。绘制一个"娃娃",然后给它穿上受灯罩形状启发制作而成的服装。下面是研究轮廓符合程度的重要方法。画出娃娃图形的前视图和侧视图,并穿着基于对式样不同理解制成的服装。仅仅在不同的"娃娃"身上重复相同的定型是不够的。在每种定型上做一些改变,使每个图案看上去不同于前一个。最终会看到一系列的样式,这将有助于选择明确的设计方案。

5

6

灯罩服装

最后,选择一个能够使灯具转换成衣服的图形,绘制更加详细的图解。大致图形用白色铅笔画在牛皮纸上,体现出设计的轮廓和明确的方法。图形的皮肤部分涂上粉红色水粉,头发涂上黑色。然后衣服涂上白色水粉。底色晾干之后,在底色层用赭石色铅笔绘制裙子的结构线条。因为要与涂上白色的裙子形成鲜明对比,该设计选用牛皮纸作为背景。接下来,一个稍微明确的图形绘制完成。形状已在牛皮纸上用白色铅笔画出。

3.头发上涂了少许黑色,皮肤涂了少许粉色,裙子涂了少许白色。

4.一个触摸的颜色是将水粉颜料黑色和粉红色涂在头发和肤色上,连衣裙涂白色。

5.用赭石色铅笔画出白色衣服的结构线条。最后一步非常简单,没有任何修饰。

6.设计结束了,灯罩服装也做成了。下面是该项目的结果,设计者是艾琳·维拉西卡。

纸彩球

　　灵感可以来自任何物体或任何微小的细节。其形式、纹理或颜色，可以作为诱饵吸引你的注意力，成为你分析的成果，变成一件引人注目而又新颖的服装。下面描述了该过程发生的一个实例，从简单的纸做成的彩球开始。

纸里的几何

　　要讨论的物体是一个纸做成的彩球。打开它的时候，呈现出有趣的几何形状，一个由灵活且扩展的菱形"小格子"做成的"蜂巢"。纸的折叠、光线和阴影的作用、几何剖面，体积大重量小，复杂而又简单，吸引着观众。

该设计的灵感来自于一个用纸做成的装饰性彩球。

为了研究制成服装的可能性，其中一个是用纸折成的彩球贴在一个时尚图形上。

该图形体现了明确的设计，将彩球改编成裙子的形状。

项目成品，设计师
戈里·达·帕尔马

同一彩球的多种样品很有用。这方便仔细研究。将其粘贴到图形上，或将其剪切下来研究纸是如何折叠并粘在一起的。

这张纸变成了一条与原始彩球具有相同褶皱的尼龙薄纱裙。

同化对象的特征

这一想法是将折叠好的彩球嵌入新的设计，该设计汲取了彩球的特点。采用一系列对比，体积大，而较小的重量改变了图形的轮廓，并将线条复杂的相互作用与一个非常简单的结构结合起来。

首先，在一张黑色的纸板上画出草图。用石墨铅笔描出图形的轮廓。然后用白色水粉将其填充。晾干之后，将白色的纸彩球粘贴到图案上，呈现出折叠短裙的式样。

明确的样式

下一步要确定衣服的其他部分。画出一个穿着更独特、更复杂的图案。对短裙的样式做一些改变。裙摆的形状像一个倒置的拱形。同时，减少构成"蜂巢"结构的小格子数量。接下来要寻找合适的料子。需要既硬又轻的料子，这样，才能重塑形成像彩球一样的"蜂巢"结构。然后，剩下的就是准备式样和服装制作。所有这些工作的结果都会在这件衣服上体现出来，由戈里·达·帕尔马设计。

从建筑物、历史和艺术中获得的灵感

设计、建筑和造型艺术之间的界限已变得越来越模糊。现在，因为"创造力"这一共同目的，所有的艺术学科已经融合在一起。许多艺术家与时装设计师紧密合作，同样，服装设计师同音乐家、工业设计师、插画师、室内设计师和建筑设计师合作。划分不同艺术学科的界线似乎正在消解。

物体的结构本质

几何是所有样式的基础。因其几何结构和建筑、物体成为设计师关注的焦点，他们往往渴望面对新的挑战。

设计师对物体的形状进行研究和简化，将其应用于实体当中，并从中得出解释物体轮廓的新方法。这种服装是大胆的创作，因其立体感引人注目。对于时尚设计的学生而言，这样的主题都十分诱人，但是，这些创意的商机却比较有限。

这一设计灵感源于18世纪皇家法院的服装，衣服配有轮状皱领、半身夹克和大量的刺绣。该项目由洛拉·奎罗设计。

建筑物是最大胆的设计灵感来源。

因其结构和几何特性，建筑物是时装设计师的灵感来源合情合理。如果你想设计足够大胆的服装，建筑物是特别合适的参考。

从古画中寻找主题

时装设计师的另一重要灵感来源是，对不同历史时期绘画和雕塑的细节，以及服装式样进行研究和分析。对过去的服装轮廓、纹理和样式的仔细观察，将有助于发现新的想法和材料，这些都能满足你作为创造性设计师的好奇心。

对过去的服装进行解构

这里要介绍两个受到过去时尚启发而设计的项目。第一个设计如图所示，灵感来自17世纪的宫廷服饰，带着轮状皱领、泡泡袖的大裙子，并配有大量刺绣。第二个设计将19世纪英格兰宽大的裙子和精致的发型作为其服装参考。虽然这些例子汇集了矫饰主义和维多利亚时期的历史特点，由于"解构"的过程，该服装有一个完全现代的外观。这一过程通过分解整体并分离特征对其进行单独研究。然后将这些部分融合在一起，结合现代特性，通过平衡旧的和新的特点实现当代设计。

1.许多维多利亚时代的服装在古董版画中被反复创作。这些衣服可以激发很多现代作品的创作灵感。

2.基于对版画的研究，形成了有条理的创意，明确了设计。然后，就可以在速写本上将设计模式绘制出来。

3.完成创作之后，最终的设计应该是这样的：一件维多利亚风格的服装，看起来却更具现代感。这件衣服由安娜·维拉设计。

研究轮廓

轮廓决定了服装的外观，改变着图形的外观。做成较大轮廓的衣服与女式服装有关，后者被认为是每一时期的理想式样，同时，还与设计师能否用轻薄料子创作具吸引力的轮廓有关，这样衣服不会太重。

衣服的样式

线条体现服装的轮廓。它符合按照体型设计的衣服的体积和长度。这是衣服给人的第一印象，是发现细节之前从远处看它展现给人的整体样式。剪裁衣服让轮廓有了具体的样式，还有其他细节，如接缝、纺布料的质量，以及美化料子的装饰性收尾工作。这些因素增加了人们对服装体积的感知，包括高领、流苏、荷叶边、折叠层、垫肩和花哨的装饰性袖子。

体线

由于能产生一个强有力的视觉效果，接缝的设计、叠层和开口也能够改变对衣服轮廓的感觉。例如，胸部以下的料子很紧或者上衣带有交叉系带，那么躯体就应因袭，在这一点上减小轮廓体积。另一方面，如果除去了领口，上衣的领子加高，脖子就显得短了，注意力就

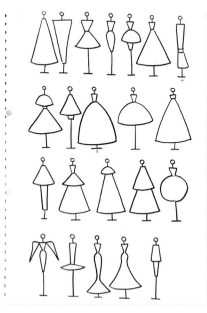

以一种时尚风格绘制的许多轮廓出现在同一页。很少能画出体现现代设计师最常使用的大小。

如果注重服装轮廓，就用大量的风格画法来突出。看一看这些速写的例子。

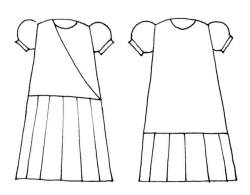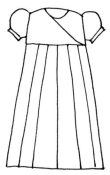

这些图案体现了式样对衣服比例的影响。同一轮廓有三种截然不同的变化。

可以集中在脸上。本节将研究一些衬衣、上衣和短裙轮廓修改的可能。例如，要想寻找身体各部分之间的视觉平衡，应该收紧腰围，将轮廓划分为上、下两部分，达到协调的效果。

体积增加，重量不变

在处理包括很多部分的服装时，不要以为只要在正面有一个好的感觉就够了。大件衣服通常需要进行整体规划，从各个角度全方位对外观产生的效果进行考虑。大件服装轮廓的制作由料子的质地决定。可以使用薄纱、垫料，或将衣服放在有形的框架上，体积增大对重量并无太大影响。对于设计师来说，大件服装的设计是一个巨大挑战。

轮廓及其变体

从古至今，随着时间的改变轮廓也不断适应时代的品味。然而，最常用的样式大小可以分为几个基本类型，一般具有代表性的是用叠加在图形上的简单的几何形式简化服装外观。根据不同时代的喜好和潮流，在这些基本样式的基础上演变出许多变体。

单页背面的图案，展现了由一个非常简单的几何设计组成的模型，其主要目的在于强调体积和线条。创作系列服装时，像这里展示的一样，纸娃娃营销模式有益于衣服轮廓的考虑。记住一套服装不应在轮廓上有太多变化，否则，将降低轮廓整体的作用，从而削弱要传达的信息。

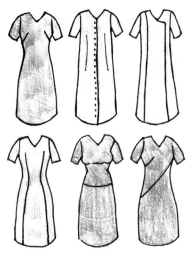

改变衣服的开口和接缝有助于轮廓因袭并有宽松感。上面是一些最常见的服装类型。

布料作为灵感来源

对设计师来说,料子是创造力重要的灵感来源和刺激因素。研究布料和料子的性质,检查柔软度和纹理,并用人体模特儿做试验,或把服装穿在模型上。记住,你选择的布料会影响设计的制作。

布料做为原料

许多设计师在一张纸上快速记下自己的想法,而另一些人喜欢在工作中直接拿材料试验,对布料进行处理。研究布料性质一个好的方法是,将其穿在人体模型上,或者直接穿在人体上分析面料的性质。有时完成设计后,在市面上找不到想要的料子(面料、内里以及按钮等的种类)。如果你为一家大公司工作,这丝毫不是问题,因为所需材料都可以根据你的要求生产出来。然而,为小型时装公司工作或者你只是一名个体设计师,则不得不利用手头现有的资源。正是因为这一点,先买到料子再让它们跟你说话更容易。

人体模型是设计师密不可分的合作伙伴。它是最耐心的模型,自然也是研究面料特质的专用构架。

不同面料产生的叠层、垂感和皱褶可以为你提供下一个创作的灵感。所以,图案一定要有用。

布料的协调性

一个材料不能被强迫赋予其风格或形式,不符合其实际的或视觉特征。料子穿在人物身上的性能取决于其一致性、硬度、触摸感、透明度、柔软度、流动性和皱纹倾向。比如,柔软的料子有较大的垂感,并且能很好地适用于体型的轮廓。此外,这种料子可以在腰间或者颈部交叉系带。如果料子较硬且结构较为复杂,就可能会膨胀,占据较大的空间,改变体型的外部轮廓。在这种情况下,为避免杂乱的效果,需要保持简单的轮廓。弄清楚不同面料的结构性质,了解每种布料在特定条件下的反应和特点十分重要。积累不同类别的布料及不同适用性的基本知识很有必要。

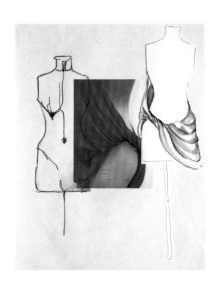

面料的触摸感

服装不仅需要视觉效果，还应是一种感官体验，能够刺激触觉。设计一套衣服时，选择一块布料不仅是因为其视觉属性，还要考虑触摸感。服装也应该有触摸感。通过触摸可以感知一些衣服的性质和精致度，比如羊绒和丝绸。而另一些衣服则让人感知其硬度和强度，比如皮革或者沉而厚重的牛仔料。这是对纹理的娴熟对比，使一系列的感觉更加强烈，而服装则更具吸引力。对每一个设计师而言，学会成功地将不同触感的面料结合起来使用是一种有价值的技能。

将不同的面料结合起来

一件衣服有时可以将两三种不同的面料结合起来。在设计整套衣服时这种情况很有可能发生，如果出现混乱还可能出现问题。在这种情况下，不要使用过多的颜色和面料，否则整套衣服会显得分散并缺乏一致性。另一方面，如果面料用得太少，可能会让衣服看起来呆板无趣，甚至导致模特儿穿衣风格的重复。成功永远是通过许多不同种类面料的使用，以及在三四种主要面料的选择之间的平衡实现的，这种做法将获得更多的关注，并能够设计装饰、收尾以及其他细微工作应使用的次要材料。

为更好地控制服装面料效果，绘制图形时，应在插图或草图旁边加上布料的参考和样品。

在模型上用面料做定型是一种较好的绘图练习，可以用简单的几笔或者一些技巧来处理。这是一个学习绘制叠层和阴影处理的好方法。

抚摸并感受面料，研究它的质地。在不同光线条件下，它们的颜色和亮度都会产生变化。记住你可以通过观感来刺激触感。

叠层定型

使用结构更加复杂的大块面料之前，在人体模型上用亚麻布或薄纱做出叠层结构，这一过程就是定型。这对每一个设计师来说都是一项非常重要的实践，在这一过程中，服装的样图得以在人体模型上呈现出来。

实现构思的方法

由于能够直接、快速、有效地接触材料，定型可以作为创意寻找过程中的手段。作品的一般节奏转换成一个完整的想法，变成一件定型的成品，形成褶皱。通常这一过程使用廉价的棉布完成，避免浪费更多昂贵的面料。定型完成后，成品通常需要配上图案。围绕模型转圈，并从两三个角度画出不同的草图。与使用照片相比，使用图形绘制能更为清晰和简单地分析叠层的位置。此外，图形绘制还可以在空白处辅以注释，提供服装制作中的有用信息。

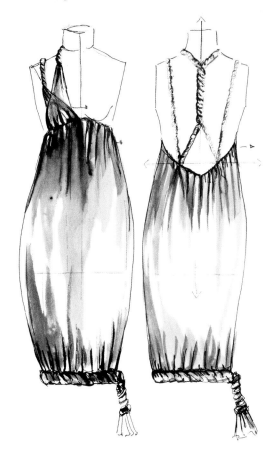

在模型上用面料做定型是一种较好的绘图练习，可以用简单的几笔或者一些技巧来处理。这是一个学习绘制叠层和阴影处理的好方法。

你在人体模型上尝试的每一个想法都应至少是由两个图形呈现出来的，确保你的观点有变化。

草图绘制时先准备
一个可以描绘或复
印的人体模型模
板，这十分有用。

对人体的部分进行定型

　　用面料定型时，专注于
身体的某一部分。例如，可以
在你最感兴趣的身体部位，肩
膀、脖子、乳房、臀部等开展
工作。这一实践只对人体模型
的一个部位进行定型，用手头
的面料制作服装的一部分。剩
下的工作包括对"褶皱应该是
什么样子"进行图形绘图、创
造和理解，并绘出不同的草
图。这是帮助你了解面料如何
适应人体，以及面料垂感的最
佳做法。此时，服装调整（松
散部位和接缝）十分重要。

用布料样本进行绘图

　　人体模型的每张绘图都应
配一件用于定型的布料样品，
还应配一件计划制作这件衣服
的布料。这将在一定程度上提
升设计质量，因为定型时选用
的面料通常较便宜。如果你碰
巧了解布料成分、宽度、价格
和来源的信息，可以在样品旁
边做标记。用布料工作时做的
任何观察也应在图形旁边标出
来。这能够表现出你对所选布
料的敏感度和兴趣。

没有必要对整套服装进行定型。局部定
型已经足够了，其余的可在最终的样式
设计中完成。

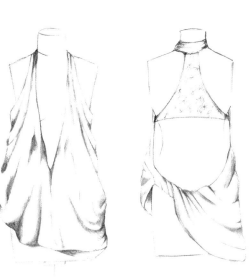

除对图形进行定
型以外，还要将
两块布料和服装
实际制作选用的
面料粘贴到每一
个页面上。

作为一名设计师，必须研究所有可用的插图的绘制技术。拼贴是一个激发创造力的好方法，将你暂时从更为传统的绘图技术中解放出来，并能够扩充视觉词汇。

探索拼贴

简化活动

将不同纹理和颜色的纸片剪切并粘贴到一张纸上，这是一个反思性活动，需要努力学习用彩色纸板、美术纸或杂志上的图案花样来简化模特儿的服装。这一技巧包括创意和视觉元素的整合，而这将产生令人满意的成品，还可以对人体构造进行反思和理解，甚至再现令人惊艳的构造效果。

带有裁剪式样的图案

首先，用铅笔勾勒出人体大致的线条。取两三本杂志并快速浏览，寻找能够吸引你的，带有颜色、纹理和色调效果的照片。从选定的照片中剪出服装的轮廓，确保这些裁剪与所画出的人体比例一致。通过在图案上层层叠加粘贴不同的纸片，一套服装就做成了。灯光的润饰可以通过淡色纸来完成，而阴影部分可以通过深色纸来实现。纸张的裁剪不一定都用剪刀完成，还可将其撕碎以获得更多不规则的轮廓。你会发现，可以十分有效地给模型穿上衣服而不必担心是否得体地重塑了衣服的轮廓或实际比例。

拼贴很少单独使用。它通常与其他图形替代品如丙烯酸或水粉颜料一起结合使用。

准备拼贴画使用的不同颜色和纹理可从时尚杂志中获取。

拼贴是一个很好的方法，能够将色彩、形式和纹理整合到你自己画的人体图案中。

拼贴可以用来美化设计。这块布已削减成与人体图案一样的轮廓，同时，也为服装面料提供了信息。

将拼贴与图形效果结合起来

　　用拼贴完成的作品对于印象的捕获都非常有用，能够作为一种简化活动，并能用不同区域之间建立的颜色关系进行实验。但是，如果你希望从时尚插画中获得最大效果，尽量用更多精确而生动的画报完成对人体图案的润饰。完全复制衣服的细节以及完全依靠裁剪纸张来完成一件衣服的配饰都是不可能的。拼贴能够解决设计总体结构及其简单的问题，而设计的侧面、纽扣、接缝和纹理效果则可由专业的刷子来完成。最合适的颜色是那些不透明色，如水粉色和丙烯酸。

用细线画出人体图案的体态，并用从杂志上裁剪下来的纸片对服装和帽子的样式、色彩和质地进行填充，就足够了。

面料拼贴

　　你放在画室、工作室或积压在橱柜底部的废弃面料是很好的拼贴面料来源。工作过程类似于纸的使用。但是你需要使用刷子和白乳胶或纸胶。干燥时间要长，但最终的效果是惊人的。如果用不同纹理和体积的布料操作，将能够给作品一个有趣的立体效果，让他人有想要触摸它的感觉。

用不同种类的废弃面料完成的拼贴，让人有想摸一摸的感觉。很少有人能够抵制摸摸它们的诱惑。

笔记本或速写本，应该成为时装设计师必不可少的工具。它们是启迪灵感、激发发明能力、收集重要信息和开发创意的最佳工具。

速写本：思想的实验室

思想编译器

速写本是记录、分析和开发创意的笔记本，其内容可用于当前或未来的项目。它还是一个试验基地，在这里服装得以成型；它也是个人档案馆，里面储存了你吸收的各种想法，如在在博物馆、时装表演或街上见过的服装。它是期待一个主题的方式，也是一个将吸引你的因素整合到一起的方式。

内容相册

你的速写本应该是一个文件夹，能够收藏许多式样、样品、面料、刺绣和其他内容。如果能够给你的想法带来新颖而有趣的东西，任何内容都可以记在速写本上。它也可以作为相册使用，用于保存你第一次的服装测验，可能是一些私人照片，也许是在家里、在模特儿朋友的帮助下拍摄的。这是创作公开之前呈现创作的一种方法。

速写本是一个大杂烩。你可以将任何吸引注意力的东西保留其中，甚至像照片和碎布，或者不同颜色的皮毛样品的实物。

在一些测验服装设计的私人照片公开之前，速写本是保留这些东西的地方。

你应该有各种不同规格和大小的速写本它们是收集创意的最佳工具，分析并将六整合到你的作品中。

在专门的速写簿里进行粗略的设计，将重要的想法写在纸上。如果没有这样的速写簿，可用任何笔记本来代替。

勾勒画

速写本里的草图无需煞费苦心，甚至不需要做得很好。因为草图的主要目的是交流或捕获创意，不需要伪装成高质量的插图。绘制这些草图是为拟定一种线条、一个轮廓或者一种形式特性，并通过简要的形式捕获风格和颜色的参考。因此，大部分图纸都是很快就完成，这给笔画一种随意性和新鲜感。

这是一本都是创意和草图的速写本中的一页，创意和草图一个叠着另一个，杂乱无序。图案线条明快而随意。

在图案旁边的空白处作注

为帮助你记住并能更好地处理所观察到的东西，你可以在每一幅图案的边缘作注，注明有关颜色和纹理的信息，以及对色调值或颜色的介绍。在快节奏的事件（如时装表演、戏剧、在街上观察人）让你不能以图案的形式把所有内容都记下时，这些笔记十分必要。这样，草图会配有短语、提供重要细节的书面笔记、主观印象、日期、地点、颜色参考、在观察主体时产生的想法，以及其他方面。

在双页上，可用一些自己设计的作品的照片来完成创作。这是一种很好的回顾已完成作品的方式。

颜色

安赫尔·费尔南德斯
彩色样品系列，2003，
彩墨绘制。

和风格

　　时尚界的诱惑和说服游戏与设计师使用的颜色直接相关。为一套服装绘制图案时，你需要记住要使用的颜色范围，这是设计过程中必须做到的。这一选择决定了服装的吸引力，以及与一套服装相关的时节，并有助于将其与季节联系起来。从一个季节到另一个季节，有些颜色就过时了。要想信心十足地使用这些颜色，你需要对颜色有基本的见解，了解不同颜色的混合可能出现的效果，以及时尚和面料中最常用的标准颜色图表。

了解颜色

为对颜色进行识别和分类，你要了解它们是如何分布和呼应的，以及如何根据其在转盘上的位置互相补充。这是基本的知识，能够根据你的需要突出服装设计的个性。

原色和合成色

比色转盘是一个颜色图表，包括三种原色：品红、黄、青（蓝）。将其定义为原色是因为与其他颜色结合不能获得这些颜色。这意味着三原色是完全独立存在的，与其他颜色并无色彩相似性。如果三原色同另外三种颜色混合能够获得橙色、绿色和紫色，那么这些颜色被称为合成色。在比色转盘上，这些颜色的位置相对，有明显的不同，被称为对比色。

颜色的系列

用原色和合成色可调成各种混合色。调制成的新颜色扩充了比色转盘，根据其相似性或色彩相近性形成了颜色的系列和集合。为限制一套服装使用的颜色，确保所有的色彩元素能混合在一套整齐的服装里，考虑这些范围十分重要。有限的范围能够保证设计的自然连续性。一般规定是，时尚系学生的设计应适中，避免使用过多的颜色，应控制在八种颜色以内。使用更多的颜色并不意味着能改善一件衣服。同时，颜色使用得越多，使用难度越大。

原色包括：品红、黄、青（蓝）。一切其他颜色都是从这三种颜色衍生而来的。

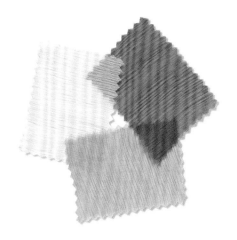

原色可以相互混合获得合成色：橙色、绿色和紫色。使用半透明面料能最好地展现这种混合物色。

系列颜色体现了一种颜色的不同等级色调和强度。这里展现的是棕色系列。

协调和对比

使用相似色是实现和谐的一种方法，换言之，在比色转盘上彼此相邻的不同颜色。相似色的一种广泛用途包括三四个彼此相邻而鲜亮度不同的色调。另一方面，如果想突出或修剪衣服的形状，你应该选择在比色转盘上相聚较远的两种颜色。通过暖冷、明暗以及鲜亮和沉闷的对比，可以非常有效地创造出不同的样式。衣服的不同层次能够形成一种强烈的对比。

标准颜色

在时尚界，有两个公认的国际颜色模拟编码，在服装需要颜色或者定色调时，它能够避免可能出现的颜色混淆。在时尚服装和纺织品中最常用的颜色图表是专业的潘通色卡系统和SCOTDIC（国际织物标准色彩）编码。两者都是在根据色调、重要性和强度测量颜色的方法的基础上制定的，其中潘通色卡最受欢迎。该系统是包括1.925种棉布和纸版颜色，并按照色系排列，每种颜色都有各自的参考号码。潘通色卡也有特定的等价面料颜色图表，叫做"正确的颜色"。

颜色图表和面料通常配有一个制造商参考号。这样能够确保按照选定的颜色不出差错地完成服装制作。

明亮而对比性强的深颜色有助于确定一套服装的大致式样。

可以发现，在比色转盘上相似色总是彼此相距很近。这些颜色并不冲突，可以协调地相互结合。

色彩的相互作用

颜色和色调不应分开考虑，而应根据它们同周围其他颜色的关系进行考虑。每个新加入的颜色都能够改变已有颜色之间的关系。

季节性颜色

在为服装选择颜色时，季节和气候的变化是决定性因素。在秋季和冬季，人们喜欢温暖、愉悦的色调或暗色系，这有助于保持身体热量。另一方面，能够反射阳光热量的白色以及柔和的色彩，在春天和夏天更常用。一些颜色在一个季节流行，然后就过时了。每个季节受欢迎的色系都不一样，黑色和白色除外，它们永远都不过时。

作为一名设计师，你应对每个季节人们期待的颜色潮流保持警惕。这种信息可通过参观交易会、访问风格网站和浏览专业杂志获得。

对比互补色

根据背景和周围颜色的不同，颜色看起来也不一样。一种暗淡的颜色因为周围颜色的影响会显得更加明亮。同样的，在饱和色的衬托下一种强烈的颜色可以显得较为柔和。将两种色值相同的互补色放在一起，会产生一种色彩振动的效果，超过其真正的强度，这种效果又称"同时对比"。将各种互补色或饱和色放在一起，形成条纹或图案，将产生让人意想不到的视觉效果。由于这种对比，颜色看起来更加强烈并相互竞争以吸引注意力。在不同色区之间产生冲突的区域，产生了一种闪烁的感觉或"振动"效果。

这套服装采用了对比色条纹，对比色指的是那些在比色转盘中相互对立的颜色，产生一种活跃的光学效应，称为"闪烁对比"。

每一种社会环境以及每一个季节的变化都需要适当的颜色。这里展示的是一套晚礼服，采用了活泼的饱和色调。

像红色和绿色这样的对比色能够产生最大的对比度，颜色看起来更加生动和强烈。

设计师在速写本中对有助于决定礼服最终颜色的不同色系和色调进行了对比。

给图案着色之前，在一张空白纸上对颜色进行测试，检查颜色混合在一起能否达到理想效果。几支笔刷足够用。

添加一点颜色

当一个色系产生了和谐的效果，有时常见的做法是，添加一点对比色或者一点颜色，形成轻微而又显著的对比，这足以将人们的目光吸引到这一点上，并能够丰富整体效果。添加一种令人意想不到的色调，可以让设计有一种壮观的吸引力。色差可以是不同色调造成的，可以是明快的淡色、互补对比色或冷暖色调的对比。

使用样品

为设计选择明确的颜色，可以使用真实面料的色彩样品。这样，可以让你对衣服的颜色搭配有一个更加精确的了解。这种方式能够让你明白整个设计中的最佳颜色搭配，并考虑每种颜色的使用比例。由于改变颜色比例和搭配能让同一设计呈现不同的外观，对这一点有明确的认识会比较明智。如果没有制定精确的颜色比例，同一色系协调的颜色搭配就有可能被破坏。

在一个位置添加对比强烈的颜色，能够使周围色系更加鲜亮，这就叫做对位，就像这里（添加）的红色一样。

着色技巧

你使用的颜色应该准确。颜色不应过多混合，应该要干净。在任何工作的环境下，拥有多种色系都很重要。这样你可以将颜色混合减少到最低限度，将对原始颜色的改变降到最低程度。

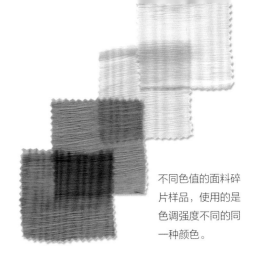

不同色值的面料碎片样品，使用的是色调强度不同的同一种颜色。

色调、色值和亮度

在处理颜色时，必须了解并正确使用三个重要的概念：色调、色值和亮度。色调是颜色的一个属性，相当于一种颜色向相邻颜色的位移程度。例如，黄色可以有绿色或橙色基调。色值是一种特定颜色由浅变深的过渡。它是指一种颜色在变成白色或黑色之前经历的各种程度的变化。最后，亮度指的是生动程度。它指的是饱和程度或者颜色纯度。例如，用水稀释颜料能够降低其亮度。

混合颜色

准备颜色之前，最好先分析如何正确地进行颜色混合。减少颜色饱和度有两种基本方法：用水稀释，这样颜色会失去强度，或者将颜色与白色混合。白色能够使颜色变弱，也能够减少亮度。

如果你不想通过降低饱和度来减轻这种颜色，可以使用同一色系较浅的颜色。例如，可以用赭色来弱化褐色，用黄色弱化赭色。白色永远是最后的绝招，因为加白能够让颜色丧失亮度。

如果你不想通过降低亮度来深化颜色，按照前面的例子，可以用同一色系的深色。

避免使用黑色或者深色。黑色能让其他颜色变暗，看上去凝重灰暗。

加深颜色最好避免使用黑色，因为黑色会产生污浊的感觉。相反，使用同一色系的深色。

如果你想弱化中绿色，用黄绿色，想把它加深就用蓝色。这样就可以弱化和加深颜色，而不需要用白色或黑色。

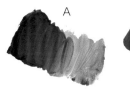
A

B

弱化颜色的两种方法：
添加白色（A）或者用
水稀释（B）。

和谐的图表将不
同的颜色汇集起
来，形成一套横
条纹的组合。每
种颜色的比例是
表示其在使用中
的相关性。
第一个颜色图表
可用刷子涂色，
但也可以利用潘
通色卡颜色图表
在电脑上创建精
确的图表。

中间色和柔和色

能够让颜色更加精致，带给颜色一
种高尚而谨慎的优雅。通过添加几笔生冷
的颜色或水彩、水粉的稀释影响，对颜色
进行漂白可以得到这种颜色。沉闷的颜色
让人想起矿物质或在自然中发现的不同面
料，因为这些颜色保留了自然的阴影和色
素。这些颜色十分高雅，通常十分适合应
用于制服或者套装中，传达庄重的感觉。

彩虹色和媒染染色

彩虹色透明的亮度增加了白色、米
色、象牙色、粉色和浅灰色的光亮。这是
一个要求极高的色系，能够提升丝绸和象
牙这种面料的质量。媒染染色十分强烈并
具有刺激性，充满生机和活力。这种颜色
能够成为能量点，是一种饱和色，带着灼
热的光亮。

加入 赭色可以弱化棕色，加入黄色可弱化赭色。
使用同一色系中较淡的颜色来弱化颜色能够使其饱
和度不变。

A. 中间色系的颜色让人想起柔
和的色调。

B. 在一种颜色里混入棕色或灰
色就能得到柔和色。

C. 发光色能让人想起像丝绸或
象牙这样的高贵面料。这些
颜色有一种发光的感觉。

D. 媒染染色更加饱和、活泼而
欢快。

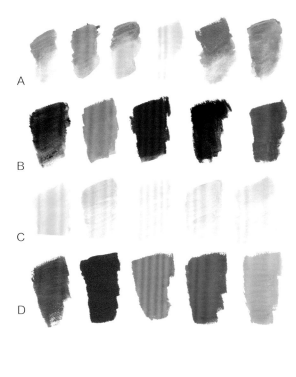

A

B

C

D

在时装插画中，选择最适合的风格，确保这项工作以最佳方式呈现十分重要。

插画的风格

选择适合项目的风格

你没有理由不像艺术家、雕塑家或音乐家那样保持对某单一风格的忠实。你应该选择设计项目目标相匹配的插图。选择的插图风格应能够传达设计师的原创灵感，同时，在不影响呈现服装的情况下加强设计理念。作为一名设计师，你设计的时尚图案应具备多种功能，能够根据客户的需要进行改变。

自然主义风格

这里展示的插画体现的是自然主义风格，线条同现实或学术有一个清晰的关联。在这里，图形失真的程度很难觉察并仔细考虑，图形显示比例是一致的。

自然主义风格要求绘图技巧。同时，要求对人体解剖学有比较深的了解。

自然主义风格允许中等程度的模仿，但是，它总是与学院派绘画有密切关联。

心理风格

在所谓的心理风格中，图形效仿达到最终表达形式，远离现实主义经典，偏向简化、抽象，在某些情况下，甚至还包括漫画。这些都是非常巧妙的、创造性的图形。

简约风格

为凸显服装，图形被简化到最小。仅用一个椭圆形表示头部，用简单的笔法或者细线表示胳膊和腿。这种插图脱离了用阴影和其他解剖细节模拟的轮廓形式和体积。

装饰性风格

这种类型的插图追求纯粹的审美目标。所有样式旨在创造一种具有伟大装饰价值的、特定的视觉效果。这一风格中包括广告插图，具有高度的审美内容、图案创意和优于衣服的表现形式。

在心理风格中，艺术冲动比服装的任何表现形式都重要。因袭的程度如此极端，以至于很难想象衣服的样式。

装饰风格具有能够将图形变成小娃娃的倾向，属于风格化的图形，它们通常带大眼睛和大脑袋，能让人想起玩具。

一个简约风格的例子，代表人物的别无他物，仅仅是一个椭圆形和几条线。

装饰风格同广告语言最为贴近。这种风格完全属于巧妙的高度风格化图案。

电脑通常用于制作送往缝纫车的平面设计和操作图。电脑绘制的图案更加清晰，也可以更精确地去调整颜色。

用电脑进行设计

现在，仅有才华并知道如何在创造中展现出来是不够的。还要熟悉现有的数字工具及计算机辅助设计程序，包括从专业应用到其他图形设计的各种应用等，现在服装制作过程中已使用了这些程序。

一个完成项目的好方法

运用计算机系统有助于在插图中逐步形成风格，并逐步完成颜色和纹理的后期处理。对现在的平面设计师来说，计算机是最重要的表达媒介，他们中大多数人几乎完全使用电脑工作。很多设计师喜欢用图形调色板而不是鼠标，这让他们可以直接在电脑屏幕上用压力敏感的"笔"来画图和着色。

使用电脑工作不能取代颜料盒，但这是一种有用的、很好的工具，可以帮助你高精度地完成项目，特别是在从事平面绘图和技术规范的工作中更是如此。

扫描图纸

铅笔画或彩绘图，都可以扫描到计算机并存储为图片文件。在扫描时尚图形转换为数字化的图像时，借助适当的程序，可以优化您的设计，对已经上色的区域进行润饰并重新着色，用遮盖物或者实际面料对局部进行保护。如果客户要求修改或改变一些细节，电脑能够提供很大帮助，因为这样就不会浪费你太多时间重做。配合打印机的使用，线条图的扫描版本可作为对工作有用的模板。你想复制多少份都可以打印出来，通过将图案翻转、拉长或者扭曲，你还可以得到不同的图像。

可用电脑将手绘图纸进行扫描，进行数字化处理和着色。

处理样式设计

　　最受欢迎的电脑插图形式是技术图案和技术规格。对设计过程而言，两者都是十分必要的，因为相比手绘图案，它们被制造商误解的可能性要小得多。电脑成为一种处理图案的基本工具，特别是那些要送往缝纫车间的图案。在处理图案的整个工作过程中，电脑的作用非常重要，如图案填充，颜色或矢量模式的创建，绘制平面服装时创建的对称轴，在位图或矢量图中创建的模式，制作出带有印花的序列化样品（尤其是千变万化的印花），将已扫描的纹理或面料应用于设计中并自动变换颜色。

利用电脑制作的插图可获得高水平的艺术效果。大多数画家使用图形媒体。这是由哈维尔·德瓦勒制作的插图。

使用电脑可以创建有趣的打印效果的插图，手工很难制成这种效果。这是由玛尔塔·马奎斯制作的插图。

矢量语言和位图

　　一旦手绘图案被转化成数字图像，通过互联网设计、人物、插图和图案，都可以发送到世界各地，速度极快且保质保量。这让制造商得以调整原始设计的大小。有两种处理数字图像的基本系统：矢量语言和位图。矢量语言适用柔和优美的线条绘制出的图案，角度不呈现锯齿状，图像不模糊。矢量文件占用极少内存，所以不用为文件大小牺牲质量。位图图像由像素组成，像素是一个更好的系统，能够再现色调和色彩改善过的细节。位图的主要缺点是这些文件将占用大量内存。

技术问题

"人们穿衣服时，并不会思考衣服是怎样制成的。他们不了解设计起步阶段遇到的种种困难，也不知如何去选择布料、线条以及图案的搭配，更不知道裁剪布料时的奇妙感觉，也不懂得抽象元素之间如何配合以及成衣如何诞生。而对于我，每一个步骤都有独特魅力。"

—— 查理·沃特金斯

从艺术作品

瓦妮莎·冈萨雷斯以埃及为灵感系列，2003，水彩和签字笔绘制于莎草纸上。

到工业成品

任何时装设计的最终目的都是做出衣服，一旦设计定稿，就开始在服装工厂开始制衣生产。富有创意和艺术性的设计送到工厂时需要附带技术规范，包括平面图。这表示除了画面效果、布料的质地、诗意或撩人的设计之外，还要表达一幅图的真实、线性、整齐、独特和细节本质。如果不能将衣服的特质清晰地呈现出来，那么最美妙、最有格调的绘画技巧都毫无用处。因此，你的艺术作品需要专业技术规范的支持。

向顾客展示设计

对时装设计师来说，展示设计作品的优势极为重要。参加面试都要将样张有序地放入工作簿中或塑料文件夹中，尽量表现出专业的水准。切记：时装界第一印象非常关键。

展示形式

展示作品最好用专门的塑料文件夹，其塑料质地能够很好地保护作品，尺寸多样，最常用A3和A4。如果向多位顾客展示，一定要用方便多人观看的大文件夹。文件夹顶部有舒适牢固的手柄，就算装满也非常方便携带。

你需要不同大小的文件夹，一部分用来储存作品，一部分用于展示。

原创的和打印的作品

如果在时装界经验尚少，不妨将原创手绘、设计图，或上学期间的作品收集成册。确保每个作品表面干净，看上去不旧。当在时装界工作一些年后，可以用发表在手册、杂志或时尚目录上的作品代替原创作品，这样能表明你的专业背景。

最便捷的方式是装入文件夹，以便携带。

时装界打拼几年后，或许可以将发表过作品的时尚杂志、手册或展会目录放入文件夹中。

视觉材料的版面

因为要清晰表达你的创意，简单的展示更易成功，尽管有创意的风格效果强烈。然而，应该避免过分费神地布局你的画作。不建议每页太多作品，这样创意不能流畅地展示。如果在做一个时装系列，要确保每张图都要同一尺寸，模特儿在画面中的比重最好一致。如果设计中使用的布料比较复杂，最好可以详细阐述或展示材料样品。

避免不必要的装饰品

选择入册的设计图是让顾客看到你的作品时眼前一亮，并欣赏衣物的原创性和画作的质量。为让顾客着重关注这些方面，应避免加入过多的绘画效果、装饰品和彩色背景。

装饰的元素不应过度分散顾客对画作本身的关注，若非必要，也不要使用彩色背景，除非是通过反差能带出时装的某些特质。

你可以将设计样品打印成特殊版式，将所有作品制成整套相片，就像这张时装秀传单。

也可以装订成一个小巧便捷的版面，这样更富创意，能展示更多的原创作品。

有机会的话，可以将成品拍成相片入册。

技术规范

为避免工厂中设计完成的阶段出现问题，一般来说在图纸之外要配以细节详尽的二维线图，也称为技术规范图、技术图、做工图。

技术规范

时装设计图终稿通常需要配以清晰详尽的做工图，将每件衣物单独画出来，而不是都放在一张图上。要画出衣物平铺在桌面上的效果。也需要画出衣物的前视图和后视图，如果衣服整体比较复杂，侧视图也是必须的。做工图需要有效地传达设计作品准确制成的步骤、比例，以及装饰品，这样当做工图交到图案设计师手中或工厂的裁缝手中后，能保证你的想法准确地再现。

服装技术规范图不需要任何程度的夸张或独特样式，只要尽可能精确，成比例，没有阴影，制成过程就能避免被错误解读。

最好的绘画方法

要练习绘画做工图，最好将已经制成的衣服平展地铺到地板上，或放在衣架上，用素描画出其轮廓。接下来用适量的铅笔技法画出接缝、褶皱、口袋的位置、领口、袖口等处的细节，完成后再用毡头笔定稿，处理方法完全是画线条，不需要表示颜色、印花和纹理。有趣的是认真观察制作技术图的过程，能帮助你深入思考设计，许多问题都有多种解读，而这个过程能令你做出明确的处理。

许多技术制图通过电脑辅助完成，确保衣服左右对称。电脑上色简单快捷。

技术规范图必须精细、整洁、娴熟、线条明朗。毡头笔最适合这类图。

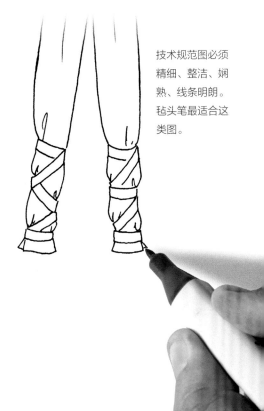

适应二维作图

你要适应在素描簿上进行二维作图。将衣物平铺，有助于你在脑海中清楚地将其视像化，并构思衣物的形状、尺寸，以及可能的元素组合和衣物的层次，最终做出一个风格统一、款式多样的系列。在一个系列中，衣服像在商店橱窗中一样，在连续的页面展开。为充分研究出更多可能的组合，你可以加些颜色，标记你很满意的素描作品，以及你认为需要重做的和能继续丰富其细节的元素。绘画时，既要重视设计的正面视图，也要重视背面视图。

练习用铅笔画线条，选择衣橱中的几件衣服，试用简单线条描绘。

为工厂而设计

你工作的公司里，设计师可能直接与工厂合作进行花样设计、剪裁、成衣以及熨烫。如果同这些专业人士接触，你可以与他们探讨你对衣服应如何成型的看法，可以补充技术规范，这样能够提供充分的信息。不间断的对话可以尽可能审查每一个制作步骤，避免细节被忽视。但是大部分情况下公司并不与工厂直接接触，许多公司是外聘的工厂，设计师只能通过电话或电子邮件与他们联络。时装设计图很少包含技术细节，而其余大部分的图则要包含尽可能多的信息，保证服装能顺利制成。

使用毡头笔变换线条粗细，这能帮助你理解许多做工图技术书中规范的信息。

技术规范应该和创意设计图一并呈交工厂。元素必须清楚地描绘，标注精确的比例，以及卷边、口袋和装饰物的位置和形状。如果必要的话，可以补充指示性的简短文字。

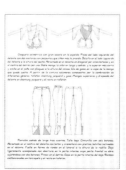

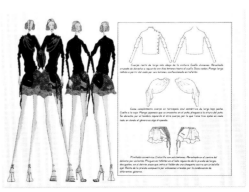

本章涉及一件服装各个部分的真实尺寸。虽然有国际统一的标准化尺码表，设计师仍需在技术规范图或平面附图中标明准确的尺寸，这也是设计的一部分。

基准和衡量标度

市场上的尺寸

制造商根据消费群体售出一系列尺码的服装，年轻人的时装与中年人的时装要求不同，加之现在公司提供超大码，或为高矮人群设计的尺码，或为某些服装如裤子提供不同裤长，要求的差异更加明显。考虑到市场上尺码需求不同，那么设计师应该怎样选择最合适的尺码呢？如果学习时装设计的学生设计一件作品，或是设计师准备一个独特设计，最常用的UK码是10到12。

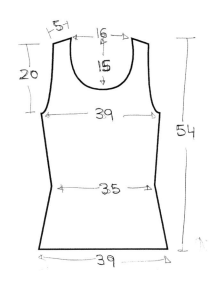

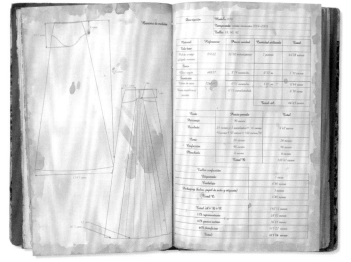

一些服装需要特殊的测量方法。这需要在技术规范中明确，或反映在设计图附带的平面图中。

用于工厂生产的技术规范图必须专业、详细。同服装设计的绘图一样，技术图必须包括一张衡量标准的详细清单。

标准化尺码表和变化

设计师并不是总在技术规范图或做工图中标明尺码的大小。这样的话时装要按比例设计，工厂可以依照指示制作。大部分服装尺码的大小都是标准的，这表示尺码都在某一个尺码表范围内。尽管如此，每家公司都会在标准范围内做一点变化，所以不同公司生产的同一尺码的衣服常有微小变化。同样，设计师可以在技术规范中加入一些专门的尺码要求，例如"使用14码要求"。其他尺码需要设计师估测，比如半裙长短则必须在技术规范中标明。

制作样品

有时设计师可以自己制作模型，甚至做出一件成品，这样详细的技术规范图就没有必要了，因为任何工厂都可以复制成品。制作样品需要用多种方法测量身材以裁剪衣服。设计师经常使用对称的人体各部分的模板或木架。

建议掌握基本的模型制作知识，以便制作各种服装。尽管你可能不想成为专家级的裁剪师，为了绘图，你应该理解尺寸的重要性，以及如何将尺寸转化为样板。然而，通常最有效的方法是将样板成品和其尺码规范一并交给工厂。

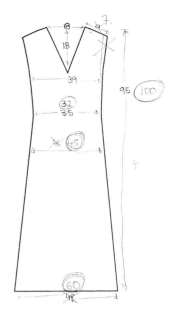

许多服装都有标准化尺码。但是，设计师可以更灵活地处理短裙、连衣裙和裤子的长度。

毛衣技术规范。这件毛衣尺码（M）详尽，在脖领处和袖管袖口的缝合处添加了一些评注。

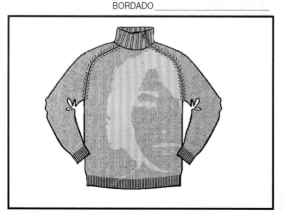

MOD. 57	DIVINAS PALABRAS HOME Jersey cuello semicisne

TEMP. Invierno 02-03
CARTA
COMPO. 50% lana
　　　30% poliamida
　　　20% angora

HILO 2/15 a 2 hilos Santorini (Macre, S.L.)
TEJIDO Punto liso gg.5 (Mibet's)
ACABADOS PIEZA
CONFECCIÓN Loreto
ESTAMPACIÓN Colormoda (estampación por laser)
BORDADO

OBSERVACIONES:
– Bajar 2,5 cm por talla

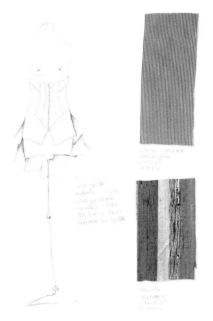

一个制成的样本也可代替详尽的技术规范送到制衣工厂，一并送去细节图和布料样本。

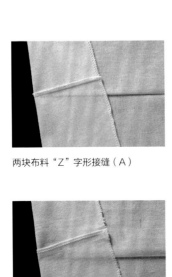

两块布料"Z"字形接缝（A）

两块布料平接缝（B）

两块布料压边对接（C）

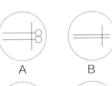

A　　　　B

C　　　　D

E　　　　F

G　　　　H

I　　　　J

K　　　　L

缝制标志

技术规范一定要清楚易懂，包含所有制作样本或成衣的有用信息。因此，除了附上必要的描述性文字说明和注意事项，还要加上缝制标志。

后期做工和服装接缝

每一个缝制标志表示一种接缝款式，应在技术规范图中一起标出，这是给最后制衣的工厂的详细说明。这些标志是指导工厂如何最后缝合的公认标志。最好能研究这些标志，认清每一种标志代表的缝制方式，这是处理布料的基本要求，这也是分析何种材料能实现其预想的功能，或何种缝制最适合某种布料的重要步骤。

辨别布料缝隙的国际符号代码。这是国际通用的标准，也给工厂在服装成品制作上提供信息。

双层露边接缝（D）　　露边接缝（E）

法式接缝（F）

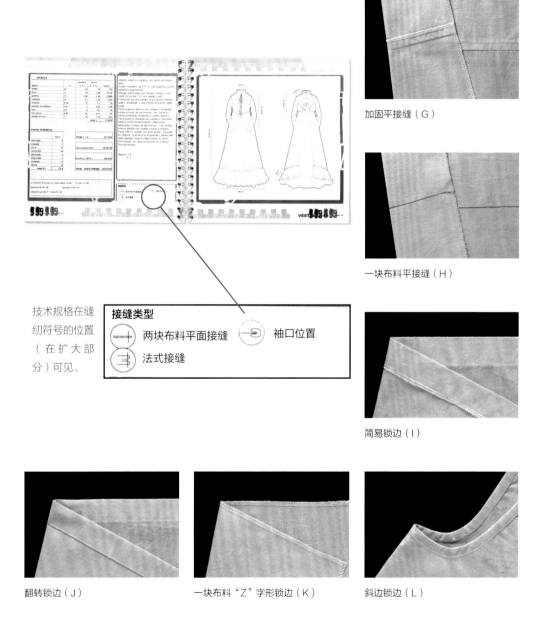

加固平接缝（G）

一块布料平接缝（H）

简易锁边（I）

技术规格在缝纫符号的位置（在扩大部分）可见。

接缝类型

两块布料平面接缝　　袖口位置

法式接缝

翻转锁边（J）

一块布料"Z"字形锁边（K）

斜边锁边（L）

视觉时装

安赫尔·费尔南德斯一系列四件外套，黑色细签字笔绘制。

词汇表

　　在漫长的历史中，时装设计为每一件服装展示出不同的轮廓、线条、风格和做工，但是，有一些常用的正规解决办法，基于这些才发展出应对每一季设计要求的多种变化。下面的章节将用清晰、细节丰富的线条素描，配合干净简单的着重线，列举出不同风格的例子。每一件作品都有为其风格定义的详细技术术语。这是你单独研究每一种服装风格的决定要素，帮助你有效识别并区分不同的风格。

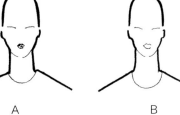

衣领和领口

这些图中用细毡头笔画出的简单线条，清楚定义了不同衣领和领口的形状、类型和做工。每种领口或衣领的种类是由使用的布料、季节、场合、固定方式决定的。学会将款式与名字对号入座，对于时装设计师来说非常有用。

A   B

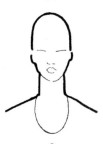

C   D

领口

A. 箱领口

B. 圆领

C. 椭圆领

D. 船领

E. V领

F. 方领

G&H. 不规则领

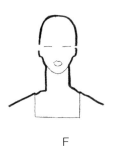

E   F

针织衣领

A.高领或圆翻领

B. 风帽

C.侧面纽扣圆翻领

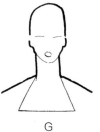

G   H

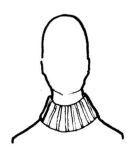

A   B   C

衣领

A. 带领圈衬衫领

B&C. 不同的衣领开口

D. 叉口领

E&F.领圈领

G.小圆领

H.旗袍领

I. 礼服领或披肩领

J. 外翻衬衫领

K. 外翻剪裁领

A

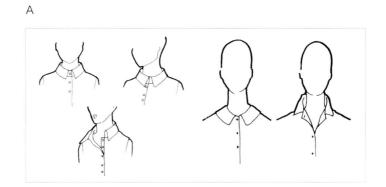

B

C

D

E

F

G

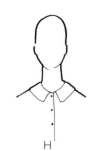
H

I

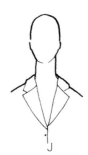
J

K

裙装领口

A. 翻边船领

B. 松领

C. 剪裁翻领

D. 圆翻领

A

B

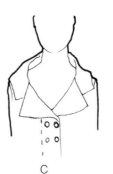
C

D

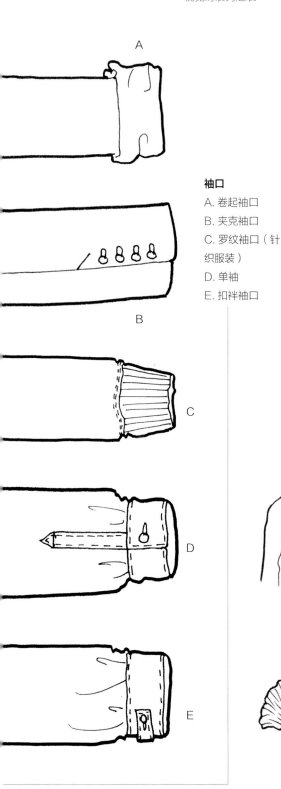

袖口

A. 卷起袖口

B. 夹克袖口

C. 罗纹袖口（针织服装）

D. 单袖

E. 扣袢袖口

肩部与小标题

与肩部接连的袖子最上端的形状设计，以及袖口设计，都对整个轮廓造型非常重要。跟领口一样，肩部和袖子的设计有很多种类，我们可以用线图来分别分析。布料的褶皱和纹理在这里忽略或简化到最低，这样可以更好地诠释设计版型、线条以及装饰。

肩部

A. 美式肩部设计

B. 荷叶边肩部设计

C. 皱垂料肩部设计

D. 蓬袖插肩设计

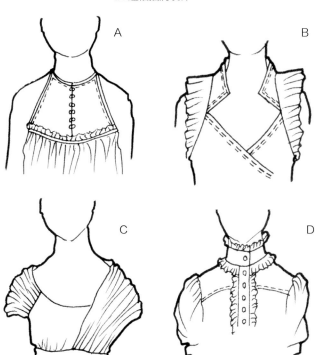

袖子

A.蓬蓬袖或灯笼袖

B.袖

C.装袖

D.喇叭袖

E.插肩袖

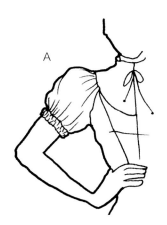

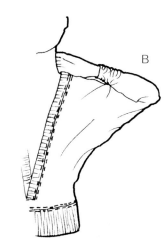

衬衣、连衣裙、版型和装饰

这两页里我们用清晰明了的绘图，展示各种不同服饰的版型、连接方式以及不同的装饰及配件。从技术上讲，装饰是样品特征的全部细节展示（褶皱、荷叶边、碎褶、垂料装饰、衣领、口袋等）。这些细节使服装具有独特性并且得到充分开发。练习这些素描是想要成为设计师的学生的基本要求。

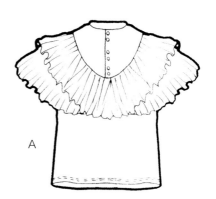

A

A.高领衬衣

B.椭圆领口和下垂袖口上衣

C.多层荷叶领衬衣

D.有肩带和收腰的上衣

E.对襟衬衣

F.袖毛衫

G.插肩长夹克

H.拼接对襟帽衫

I.修身夹克

J.插肩T恤

K.小圆翻领短袖上衣

L.有袋鼠式口袋腰部抽绳T恤

M.多层褶连衣裙

N.抽绳荷叶边连衣裙

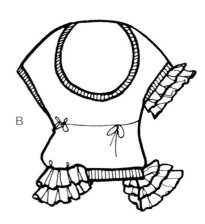

B

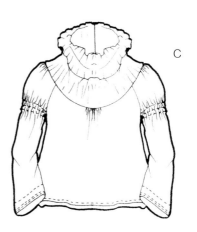

C

D

E

F

G

H

I

J

K

M

N

L

裤装和半裙

下面的图片词汇表将展示裤装和短裙。每幅图展示了轮廓、做工、褶皱的方向和方式、最终缝合、拉链或纽扣以及其他必要的样本说明信息。形状、裙长或裤长、袖口宽度和口袋位置都准确地均衡布局。这些插图中，间距和纽扣的数量都与现实制作成比例。

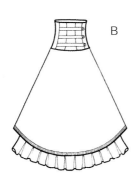

半裙

A. 收边蓬蓬裙

B. 高腰双层短裙

C. 宽下摆短裙

D. 拼接裙

E. 过膝裙

F. 宽下摆裙

G. 发散百褶裙

H. 百褶郁金香裙

I. 裙裤

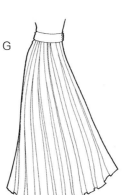

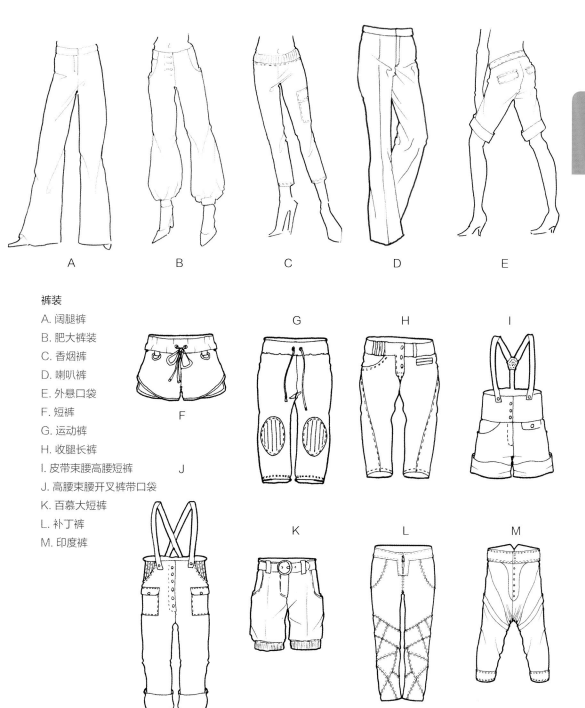

裤装

A. 阔腿裤
B. 肥大裤装
C. 香烟裤
D. 喇叭裤
E. 外悬口袋
F. 短裤
G. 运动裤
H. 收腿长裤
I. 皮带束腰高腰短裤
J. 高腰束腰开叉裤带口袋
K. 百慕大短裤
L. 补丁裤
M. 印度裤

分步教学

"工厂里总有成堆的材料、色彩、设计形状,我们不断尝试。创意?
你将不断地得到。灵感的一个源头是艺术以及生活本身。"

—— 库斯托·达尔玛

1

绘制时尚人物

成功绘制一个女性人体，首先要做的就是勾勒出人物草图。如果原始草图结构合理，图形精致，比例合适，接下来画人物轮廓、描绘身体和面部特征都非常简单。但是如果一开始草图没有画好，后期画的过程中再做调整会很麻烦。

1.人物草图要用HB铅笔画，第一笔就是画一个椭圆形的头部，然后，在此基础上确定眼睛的位置比较容易。再用斜直线勾出肩膀的位置，用简单线条标出整体的身体线条，并确定胸部。

2.用一条弧线表示身体轻微的曲线。再用一条与肩膀倾斜方向相反的对角线表示臀部的微翘。接着画腿部，用简单线条勾勒即可。画脚的时候突出脚趾部分，就像穿高跟鞋的样子。

3.画出人物整体系统的草图后，用一支2B铅笔在草图上画出新的线条，构造出人物轮廓。和画草图一样，从头部开始，一直往下，在画的过程中确定准位置。面部特征非常简单，但效果很好，十分逼真。

2

3

4. 画的力度要比打草图的时候重。目的就是使人物外部轮廓更为严谨和具体，要特别注意女性身体柔美弯曲的曲线。线条应该强劲有力，一气呵成，以避免由于短线条相互拼接，线条堆叠或下笔迟疑而破坏画面效果。

5. 人物画就完成了。不过这只是线条，没有任何立体感。依稀还能看到画草图时打结构的线条，必须被擦掉。在这种情况下，手边最好备着橡皮擦，这样画面更为严谨。擦掉草图线条后，画就能拿去影印了或者复印到其他纸张上了。在此之后，可以给人物画的各种衣服穿着涂色了。

用刷子扫走橡皮渣，不要用手去涂抹，以防弄脏图纸，要使用柔软的刷子。

4

5

画人物水墨画

如果你打算只用墨汁画时尚人物，你得知道如何使用画笔，如何控制比例才能画出精致的轮廓。最好的线条是富于变化的，根据你所画区域的明暗度、细微度、立体感和阴影区不断改变笔锋的粗细。要练习画水墨画只需要一支石墨铅笔、一盒墨汁和一支精致的圆头画笔。

1. 首先要捕捉符合比例的人物姿势。用一个简图代表人体姿势：椭圆形的头部、细长逼真的颈部、背部的曲线以及支撑头部的手臂。这些打底线条只构建轮廓，而非描绘人物特征，要用HB石墨铅笔完成这一过程。

2. 在简化草图上更容易画出模特儿的具体身材特征。与之前的一样，从头部开始，由上往下画，头部要画出高度逼真的人物特点，往下画出肩膀，再到臀部。然后变幻线条，画出胸部轮廓和腹部的曲线。最后画出的人物看起来比真人瘦高细长。

3. 当整个绘画完成之后，其非写实程度显而易见。画中人物颈部更为细长，手臂更为颀长，腰际十分纤细，人物线条十分突出，稍显夸张。只要不破坏服装的表现并能够提升美学效果，这些画法都是合理有效的。

7.像画伸长的胳膊那样画出一直弯曲手臂的轮廓，并不建议画出双手，因为没必要画出这些细节，它们对整体设计提供不了任何信息。对于拎在一只手上的夹克也是一样的，它需要很少的线条，无论对形式还是内容都提供不了任何信息。

8.现在所有的注意力都集中在服装的细节上，精细加工和它的织物材料。用浓墨覆盖了铅笔所画的点。

9.为了防止毛笔把颜色蹭脏，在继续绘画之前要等墨汁变干。

要控制毛笔的力度并不容易，特别是要求画面干净、严谨，富于线条变化的时候。建议在单独的白纸上练习画人物不同的部分，作为正式绘画之前的练习。

10. 初步设计创造出一个清晰、完美的人物轮廓。整体处理是线性的，没有颜料或是过渡色来制造阴影效果。只用墨汁创造人物画是不寻常的，一般要与上色效果相结合。然而，为了能分析富于变化的线条是如何完成人物轮廓的绘画，同时，不受颜色效果的干扰，这种一步一步的分析是非常重要的。假如你无法熟练地处理类似的单色人物画，那么当你面对更复杂的、有各种颜色的人物画的时候，会更难以应对。

对设计者来说，纯粹的线性绘画是最困难的事情，因为不能借助色彩或颜料来体现内容和阴影。本次练习向你展现如何设计一个集各种类型的剖面线于一体的服装。这样的练习是个不错的方法，因为每种类型的剖面线都在画面上传递出不同的的信息。实施这一各个击破的程序，你只需要三种彩笔：黑色、棕色和红色。

利用孵化

1

2

3

1. 到现在为止本书中的时尚人物都是相当写实的，只有很低程度的非写实绘画。现在要给人物添加较大程度的变形。想要保持画面的对称感，首先要画一条垂直的直线把画纸一分为二。这样就能防止人物造型偏向一边造成画面不对称的感觉。

2. 要从头部开始，用棕色的铅笔画第一组线条，这时，头部要画得同身体相比小一些。背部和手臂要相对弯曲，要略带夸张，彰显时尚。较短的躯干部分略向后倾仰，此时，尽管腿部还没画完，但给人的感觉会是一双修长的双腿。

3. 一旦你完成了任务的非写实绘画，用另一支铅笔再勾勒出人物的轮廓，然后，画帽子和面部的特征。双腿看起来似乎特别弯曲，腰部极其纤细，股骨很短。

如果你从侧面画人物，最好稍稍扭动一下身躯以避免画面僵硬，缺少动感。

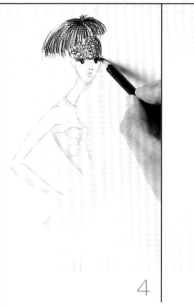

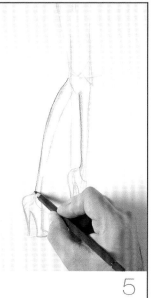

4

5

4.用一支削尖的黑色铅笔，画出几道曲线阴影来完成帽子上面羽毛发饰的绘图。上部笔力更重，下面笔力稍轻，用几笔涂鸦表明帽子的织物材料。用柔和的线条（几乎不用什么力）完成眼部的绘画，再用两个点进行鼻子的定位。

5.如果你要画具有突出的黑色线条阴影的裙子，需要特别凸显人物轮廓。假如灯光从模特儿的右侧打过来，要用红色铅笔着重画左侧。这样画面能够体现人物两侧的明暗对比，这就是明暗法的最基本表示。

6.在画人体剩余部分时，同样要用相似但明暗度不同的几种颜色画出轮廓。模特儿的脸部成为一个重要的焦点，因为它是唯一一个两侧都涂红的部分。衣服上不多的标志物看起来仍然很简略。这是因为在解决人物本身的问题之前就画衣服，不是可行之策。

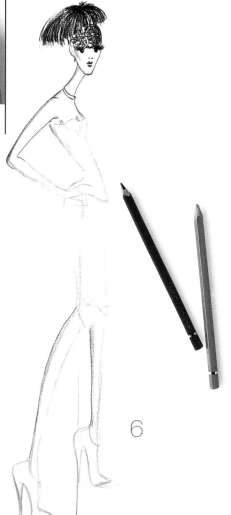

6

7. 画好了人物之后就该着手画服装了。首先用黑色铅笔画出服装的样式、剪裁和组成部分。裙子下端的折叠部分笔画更密集一些，同样，领口和腰部的线条也要密集一些。和画帽子的时候一样，在手套上增加一些随意的文字，将手套的装饰感加重。

8. 下面要开始点睛部分了。只需要用黑色线条打出影线，重新设计上衣的款式和纹理。在画影线之前要先想好服装各个部分影线的走向，这样上衣就能呈现为平行分布的交叉线条。在裙子部分，由于左侧是暗面，相互交织的影线则更为齐整，并微微向左侧紧凑。

9. 在画交织影线的线条时，手可以用力稍大些，让铅笔画的力更大，这样裙子的线条基调在整体上的颜色要暗一些，裙子就能与上衣区分开来。然后顺着人物往下给鞋子上色。这时因为鞋子是漆皮的，所以不适宜画影线，要用深黑色的阴影打在鞋子上面。在鞋跟和鞋面顶部，画上一块白色区域，以制造出受太阳照射而发光的鞋面。

10. 在每个褶皱的右侧，画出一些浅色的影线甚至是不画影线，直接留白，渲染一种光从这个方向照射过来的感觉。然后用新的深色线条画出每个褶皱。

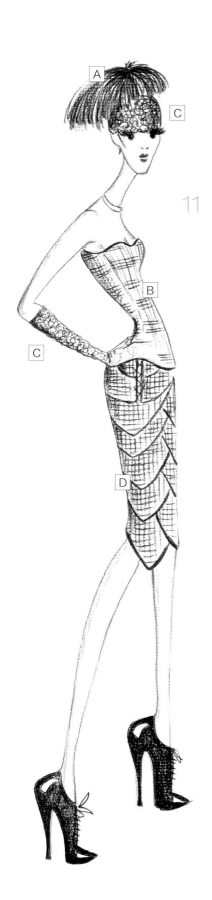

A

B

C

D

用一支石墨铅笔或一支半旧的签字笔，画出柔和的线条，在任何衣服上都能制造出一种有趣的效果，似乎软软的线条相互交织。画阴影线时候，不管用什么笔画，衣服的轮廓的线条都应该清晰，边角分明。

11.画好了鞋子，人物看起来就趋于完整了。接下来就要对衣服不同部位的阴影线作一个分析。帽子部分，随意用了平行的交叉曲线画出了羽毛（A）；在上衣上是三条线交叉，中间形成一个空白地方，一系列这样的交叉线构成了交叉的影线方块儿（B）；帽子和手套上装饰的是用小圆形状构成的写意画，它们适合用来装饰或构成亮片（C）。最后，裙子上的阴影线线条之间呈现规则距离，水平线微微呈现曲形，更能表现衣物的微卷。

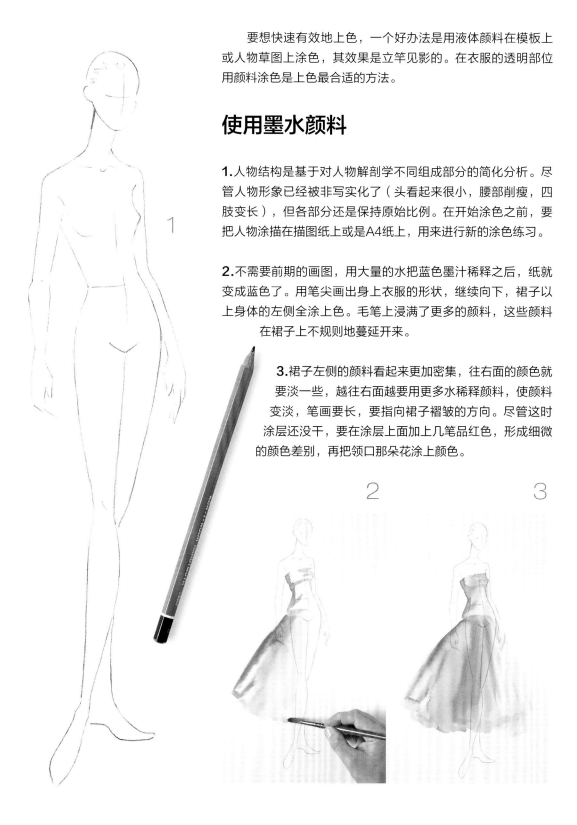

要想快速有效地上色，一个好办法是用液体颜料在模板上或人物草图上涂色，其效果是立竿见影的。在衣服的透明部位用颜料涂色是上色最合适的方法。

使用墨水颜料

1.人物结构是基于对人物解剖学不同组成部分的简化分析。尽管人物形象已经被非写实化了（头看起来很小，腰部削瘦，四肢变长），但各部分还是保持原始比例。在开始涂色之前，要把人物涂描在描图纸上或是A4纸上，用来进行新的涂色练习。

2.不需要前期的画图，用大量的水把蓝色墨汁稀释之后，纸就变成蓝色了。用笔尖画出身上衣服的形状，继续向下，裙子以上身体的左侧全涂上色。毛笔上浸满了更多的颜料，这些颜料在裙子上不规则地蔓延开来。

3.裙子左侧的颜料看起来更加密集，往右面的颜色就要淡一些，越往右面越要用更多水稀释颜料，使颜料变淡，笔画要长，要指向裙子褶皱的方向。尽管这时涂层还没干，要在涂层上面加上几笔品红色，形成细微的颜色差别，再把领口那朵花涂上颜色。

如果你觉得不画铅笔线就直接涂色不太稳妥，就像之前画草图那样，用铅笔画出人物面容和衣服的形状。

4.在裙子上的涂层还湿的时候，把裙子腰身部分的涂层加重一下，用一支精致的画笔和黑色墨汁，把裙子的左侧再涂一下。由于纸张是湿的，墨汁向四周扩散，并和底层的颜料融合在一起。还用这只画笔把面部结构特征画出来，笔画要富于粗细变化。

5.用画笔笔尖轻轻地画，几乎是摩挲画纸那样，描出胳膊的轮廓、裙子的褶边和人物的双脚。线条要特别精致，所以画笔不要蘸太多墨汁。描人物整体轮廓的时候很有意思。首先要用一支在清水里蘸湿的画笔

把左侧区域润湿，然后用黑色墨汁画笔在湿润的区域上画一道。这条线会在快湿的地方慢慢晕开，形成一个很明显的渐变色。在墨汁干了之后把铅笔线擦掉。

6.给人物涂色之前，没必要必须去画一个铅笔草图。直接用画笔给衣服和面部容貌涂色就可以。有些衣服的亮点就在于面料的轻盈或是若隐若现的透明感，在呈现衣服这类特点的时候，使用颜料涂层带来不规则和微妙的色调变化是非常适当的。

6

4

5

我们还拿之前处理的一个时尚人物，当做模板做练习。接下来，我们展示如何进行另一个设计，就是用彩笔给人物涂色。彩笔经常作为补充性手段，补充墨汁颜料、水彩颜料、水粉颜料或者签字笔的效果，但现在为了练习它的正确用法，我们要单独展示它的使用方式。彩笔能制造出柔和、微妙的色差，各种颜色之间过渡不突兀，尤其适合画一些雅致、浅色的衣物。

使用彩笔

1. 拿出之前练习时画的人物草图，并在另一张纸上拷贝一份。你可以把它描下来，用描图纸也行，在玻璃窗上映着太阳画下来也行。然后拿一支自动铅笔把描下来的图再描清楚。

2. 在人物画上，依照身形轻轻画出人物的发型和衣服的形状，就好像透明纱巾的样子，这样，就能在整个过程中，对比衣服和这个女性人物是否适宜与和谐。几乎全部用直线画，没必要打阴影，也不用太用力。

3. 用一支粉色铅笔，画出脸部线条、上半身和双腿。轻轻把左边涂上色，要有明显的暗面痕迹。这时候要注意皮肤颜色的基调，不要理会人物所穿的衣服。再用一支黄色铅笔给头发染色，用鲜艳的棕色标出裙子的轮廓。

4.在人物胸部画上衣服，首先用棕色铅笔画出轮廓，然后用浅颜色铅笔给它上色。涂色的时候要轻轻的，不用使劲按压铅笔，这样它才能形成一个透明涂层而不会遮住皮肤的颜色。用棕色笔画把头发的颜色加重一下，使整体色调呈现橘色，把有光线的区域留白。

5.一旦人物上半身的涂色完成之后，就该着手处理裙子的花型了。并不需要按原有的形状一模一样地重新涂一遍，彩笔画只需稍稍显出图案的形状就可以。为达到这一效果，你可以用一支棕色软硬适中的铅笔，勾勒出一系列并列的、无序排列的螺旋线条，使其层层递进。

6.在裙子左侧褶皱处涂上深棕色，形成阴影效果，这样裙子部分的涂色就完成了，并使裙子获得更强的体积感。最后需要用非常小的、潦草的形状来画出裙子上的细节装饰了。

你可以用不同的绘图和涂色工具在同一个模板上试验一下，看看这些工具是如何影响人物的设计效果的。仔细对比，用水彩处理上衣和裙子花型与用墨汁和水粉处理上衣和裙子花型的不同效果。

若想让衣服更具装饰性，最好的办法之一是使用有图案的面料。设计师需要学习如何使自己的图案彰显个性。在人物上展示图案有不同的技巧，但这个一步一步的练习描述了如何使用记号笔画出一个格子上衣。记号笔中应该含有酒精，这样你就可以用油料作画，在画的时候颜料就不会往周围晕染了。最好要用专业的记号笔，因为专业的记号笔有两个头，一头是斜面的，一头是圆的。

使用记号笔

1.用石墨铅笔画一个初步图。要画一个特大号的人物身材，以便有更多空间来创作夹克的款式。用一支黑色永久记号笔在图上有折叠或是翻领的地方画出深色的粗线，整个过程中，线条要根据所画区域的明暗作出粗细变化。脸部左侧要添加上有序的深黑色的阴影。人物整体面貌要能使人回想起漫画中的可视语言。

2.当画完之后，头发和T恤呈现出统一的色调。用永久记号笔有斜面的那一头在夹克上画出横条纹，条纹不必是水平的，但应该根据衣物不同部分的体积而略微有倾斜。这些颜色线条应该有力，一气呵成，不要有间断，也不能堆叠。交替使用粉色或橙红色记号笔画出对角线构成领带。

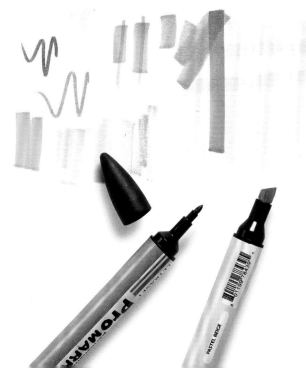

3.现在用卡其绿把之前笔画之间留下的空白覆盖住。首先在空白处画上横线，然后画出竖线，形成一个典型的方格图案。同之前一样，为了更好地与夹克的形状相适宜，这竖线也不是直的，而是曲线。图案应该与身体体积相协调。

4.在灰色和卡其色线条之间，用记号笔的圆头画出新的方格（和画领带时候用的粉色一样）。这对夹克的图案起到补充作用。

建议在画之前，先考虑好画的时候要采用什么样的设计，用哪些颜色。画一个盒子，在盒子内部一点一点混合调制这些颜色，直到确定了最终的颜色方案。在这儿你可以看到本次练习所用的格子图案渐变发展。

5.在T恤上用细的灰色记号笔的斜面那头画出平行的竖线。现在该加一些图形风格了。用灰色记号笔有削面的那头画出人物右侧的轮廓。用棕色的记号笔画夹克的翻领和一些褶皱，给人一种背光面的感觉。总而言之，给夹克制造出一种立体感，要不然看起来会显得太平面。

传输图像

由于色彩鲜明、质地丰富和独特的画面效果，丙烯酸绘画中的时尚人物在时尚界赢得了一席之地。这种颜料涂层能够很快变干，并且可以用新的不透明色覆盖原有的色块，这些优势可以弥补使用颜料不当的错误，并且在绘画时尝试使用不同的颜料。这样就非常方便，减小错误几率。在本次一步一步的练习中，再一次使用前两次练习中使用的人物模板，来以图例说明一个普通的描摹过程。

1   2

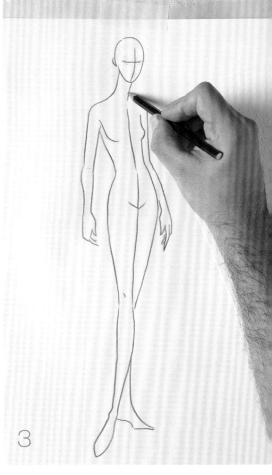

3

1.丙烯酸是一种完全不透明的颜料，要用丙烯酸颜料画出人物，首先要涂上一层品红色背景，品红色颜料要完全用水稀释。在颜料还未干的时候准备好将要被描摹的人物。

2. 在彩色图层上描摹准备好的人物模板。为了达到这一目的，把纸反过来，用柔和的紫红色把倒置过来的人物线条再画一遍。如果你把纸放在一个灯箱上或窗玻璃上画，会比较容易。

3.   在背景色上面的模板图纸已经变干了。用画原始人物的那支石墨铅笔画出人物线条，这次要使劲儿一些，这样彩色涂层能够紧紧附着在纸上。设计一个清晰的绘画方案非常重要。

4

5

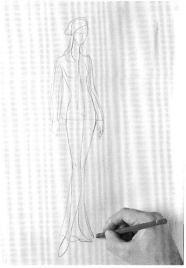

6

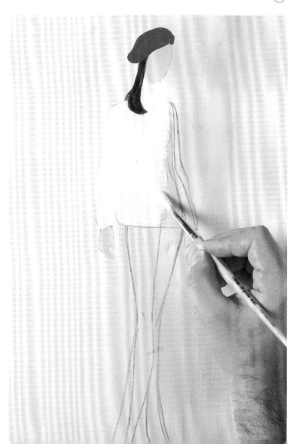

尽管你是用丙烯酸颜料在彩纸上画，但是，不必一定要使用不透明的颜料。你也可以用透明涂层，让其与背景色融为一体。

4.在描摹完图画的线条后，把纸竖起来，看看人物是否被描摹在下面那张纸上了。线条痕迹不明显但只要能看清就可以继续使用。

5.以描摹的画像为基础，逐步构建清晰的人物画。用红色铅笔覆盖原有的柔和线条，然后用新的颜色代表衣服，衣服颜色应与肤色相协调，使其看起来似乎是透明的。

6.用圆形中号笔蘸上浓稠而不透明的丙烯酸漆，开始上色。用统一的颜色给皮肤和每件衣服涂色，不用刻意塑造造型或是阴影效果。这些涂层为接下来的细节、纹理和图案奠定基础。

7

7.每个明显的平面色块都代表了一件衣服。在裙子底部加上少量棕色制造暗面效果，在右胳膊处加上一丝土色。这些颜料的用量都特别少，几乎察觉不到。

8.用一支圆头精致的软毛笔，轻轻调和米色和土色，加重毛线衣的一些部位的颜色。用焦黄色的笔画表明围巾在飘落，在焦黄色上面画几笔米色使线条分割。在裙子上画出土黄色的小点点显现出图案的形状。

8

9

9. 用棕色浸湿画笔，引入线性元素，更加清晰地定位身形、轮廓和服装的细节部分。添加面部容貌，塑造双手的形状。用同样的颜色画出双脚轮廓，并在帽子的一侧画出阴影。

10

10.现在只需要处理针织毛衣的
纹理问题了。需要用一支土黄
色的铅笔，画出打摺的剖面线
来表明衣服的设计。不需要把
整个图案都画出来，那样会完
全遮挡住毛衣。只需要在某些
地方画出这种纹理效果。

最好只用有限
的几种颜色。
如果不是设计
需要，不要试
图使用太多颜
色。试着在极
少次数的混合
就调出你所需
要的颜色。

11

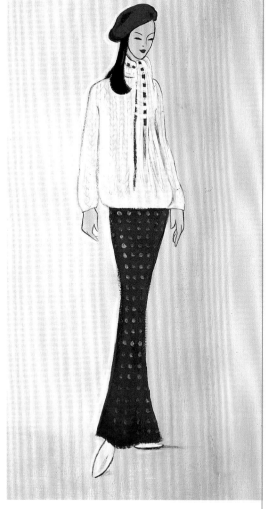

11.用水粉或丙烯酸颜料画出
的人物躯干部分体积更大，所
以，如果所画的衣物是由厚重
的衣料做成的时候，才使用这
些个颜料。为了增加美学效
果，你可以沿着左侧躯干的轮
廓画一条柔和的白色线条，在
脚边映射出一个柔和的阴影。
尽管这些图形产生的效果很微
妙，但是，它们烘托出了人物
的整体剖面。

用蜡笔和水粉

当使用蜡笔和水粉在描图彩纸上画画的时候，你可以给衣物画出深入饱和的颜色效果。尽管把颜色和微妙的色调相混合是正常的，配合使用蜡笔和铅笔，你将能自如地应对线条和色块儿。经证明，这种颜料最适合颜色绚丽多彩的衣服，不管是如缎子般光亮，或是有显著的阴影效果。蜡笔经常和其他绘画技术结合使用，如水彩、丙烯或水粉。

1   2   3

1.我们为这张纸所选的颜色是品红色，因为它有助于衣服的上色。要用一支白色蜡笔画完。在此前的几页中我们已经完成了人物构架的绘画，所以，这个部分将着重描述涂色阶段。

2.之前的原始线条集中在人物的轮廓上，现在要塑造四肢和面部特征了，你也可以用白色蜡笔进行提白、增加头发的挑染色，以及描绘衣领的羽毛和第一束光线。

3.将三种颜色蜡笔结合使用（土黄色、粉红色和白色），涂上皮肤色调，确保你随后可以用指尖把这三种颜色融合起来。在颜色较浅的地方，白色可以混合在粉色中；而在较暗的区域，白色可以混合在土黄色中。与用蜡笔涂色相比，铅笔可以更好地处理细节，但蜡笔呈现出了更好的色调质感，因为蜡笔成分中含有更加纯净的色素。

用蜡笔涂色的时候，建议你不要用擦笔，用手指就可以了。手指可以更好地调和颜色，保持画面整洁，毕竟洗手要比洗画纸容易多了。

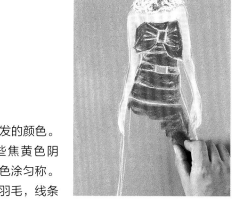

4

4.用黄色蜡笔染头发的颜色。在头发上涂上一些焦黄色阴影，并用手指把颜色涂匀称。用白色在颈部画出羽毛，线条要略显凌乱美、叠加美。用品红色涂裙子的颜色，注意不要遮挡住白色线条，因为那些线条作绘图指引之用。

5.在品红色涂层上再涂上密集的白色。为了完全覆盖住那个区域，用蜡笔的一个侧边使劲涂。为了使衣料呈现缎面的光泽质感，用指尖擦涂颜色表面，将白色与底层的颜色相调和，形成精美的过渡颜色。

6.在这些颜色相融合之后，仔细观察衣服，你就会发现，你所营造的光效就如同拍摄出来的效果。在你感到满意的同时，在颈部再用新的混合色给羽毛涂色，由于这次画面空间有限，就只用小拇指涂色。

5

6

7

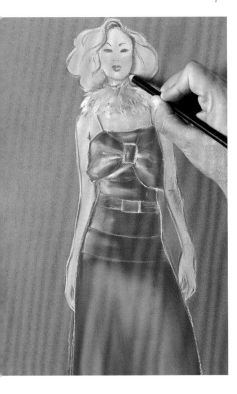

7. 把涂抹棒放到一边，拿出一支黑色彩笔。彩笔笔尖是画面部细节的理想选择，比如眼睛和眉毛的形状，还有面部轮廓。线条应非常纤细、细微，画的时候不用使劲，只要用笔尖摩挲纸面。

8. 用干彩笔完成这部分之后，再用水粉打造亮点。建议在画之前用气溶胶固定剂固定一下彩笔。等它变干后，拿精致圆头笔蘸满浓稠的白色水粉，用笔尖涂色，给头发、衣服和扣子上的一些光点提升亮度。羽毛上的笔画要特别纤细，向外发散。用同样的笔准确清晰地画出衣服的形状外轮廓。

9. 用白色涂一半背景使其与轮廓形成对比。为了显现另一半轮廓，换另外一支石墨铅笔，涂出侧影。用黑色水粉画出不间断的精致线条，定位身体和衣服的外部轮廓。

8

9

建议用彩笔的时候手边准备一张相同颜色的纸，作为你测试调和色、笔画粗细、对比色和素描风格的练习纸。这样，在正式着手涂色任务之前，就可以试验不同的涂色效果。

10

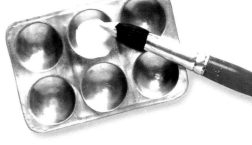

用一支精致的笔画出人物的平面轮廓，注意不要超出人物身体边线。另一方面，可以用一支略粗的笔快速地把大背景涂上色。

10.插图完成了。由于彩笔和水粉产生的高度亮泽，色彩活力充分体现，插图作品看起来清新抢眼。为了达到非写实效果，缩小了头部和身体。这样衣服看起来就更修长，更加突出裙子的层次分明，更好地体现了衣料材质、垂感、纹理和光泽。这里展示了根据设计目的和衣料织物的质感来正确选用素描工具的重要性。

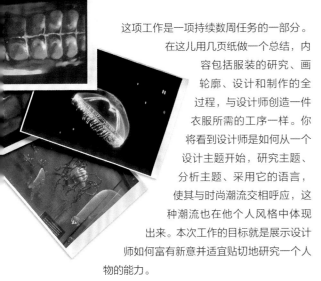

这项工作是一项持续数周任务的一部分。在这儿用几页纸做一个总结，内容包括服装的研究、画轮廓、设计和制作的全过程，与设计师创造一件衣服所需的工序一样。你将看到设计师是如何从一个设计主题开始，研究主题、分析主题、采用它的语言，使其与时尚潮流交相呼应，这种潮流也在他个人风格中体现出来。本次工作的目标就是展示设计师如何富有新意并适宜贴切地研究一个人物的能力。

项目：海蜇衣服

本项目的主题是水母，检查它的有机设计、触须和色泽。找一些照片，使你能够研究它们的解剖学构造，可以到生物书上找，或是在网上找，或者任何一本百科词典上。然后，观察彩色照片或复印件，重新做一张大尺寸的以便清晰地观察。

在开始画草图之前，试着把原始人物画出来。你需要仔细检查每一个部位的形状，每一个高低起伏的部位和颜色，用素描效果来了解它的构造。在你的速写本上画满像这样的素描草图。

你可以粗略地画出各种姿势的时尚人物，也可以从时尚素描书上描摹人物。先用HB铅笔画素描，然后把人物复印下来当模板。在影印人物图上，你就可以开始准备你原始设计的理念了。

请在素描阶段尝试用原创理念创造多种不同的设计。所以，受水母纤长手臂的启发，用另一张影印模板，你就可以实施另一种理念和另一套衣服。这成为本次衣服设计的主要理念，胸部以下的衣服要紧贴身体。

用铅笔在影印人物图上画。你可以更加细致，从各个角度观察人物，记下观察效果。衣物上的不规则褶皱使人产生胳膊的波动感，这在有些水母款式上能看到。

A. 用铅笔画出更多人物形状，简略、不带表情特征。你可以再复印，用来设计，可以更加个性化，并且标识出颜色。第一个模特儿展示的是一个帽兜，散发出螺旋状线条，代表了水母触角的形象。柔和色调用彩铅填充。

B. 在另一个复制的模特儿上，你可以在之前的设计上开发一种新的变化。服饰的处理仍然很简洁，颜色的使用也是规律平滑的。现在还是项目的设计阶段，你不需要过多添加细节，使用的颜色范围有所局限。

C. 这个裙子是写生风格画。没有很清晰明确的线条，仅仅以模糊化的方式来体现。重要的是整体的风格概念，这种概念能让你评估这个设计是否合适。上色也是比较迅速笼统的感觉。这张设计还停留在轮廓写生的阶段，到后期需要明确描画、展示设计特征时就会花费更多精力。

D. 这个设计跟之前的都不同，然而它自然活跃的线条和用色还是保留了与其他设计的联系。这是以水母内部器官为基础设计的。

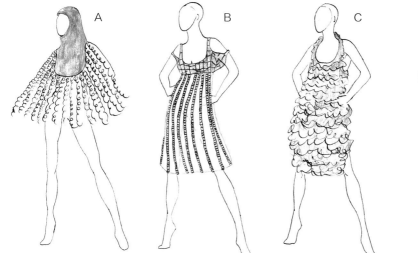

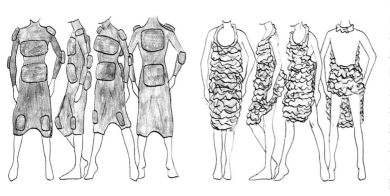

在新的人体概略图上画出一个或多个模型的不同视角，这样你就可以360度全方位地审视人体形状，看看橙色的颜色块怎么样改变了模型的整体轮廓。查看这些不同视角不需要画出人体的头部。不同角度的呈现目的都是一样的，即精确地描画出裙子长度的变化。分别从正前方、侧面、四分之三方向和背面这几个角度，观察出最好的对比。这样就可以看到模型旋转的感觉。

1.概念阶段完成之后，从这个系列里挑出一个设计，画一个完整详细的图示。用HB铅笔描出轮廓线条，由于这个设计不是一件长裙，模型画出膝盖以上部分即可。整个结构略图应该简洁并且跟之前的练习尽量一致。不一定非要在面前摆一个模型，你可以根据记忆或者从杂志上找一个照片参照。

2.开始画脸部，包括五官和发型。你不需要照抄哪个特定的照片，而是要用一个想象的、理想化的模型。给模特儿画上以水母为原型创作的、你最终决定的设计衣服。在这个案例中，领子部分比较立体膨胀，这是以水母的头部为原型的灵感，衣服是以水母的身体为原型，裙子则是以触角为灵感。这件衣服看起来像透明一样，跟模型很好地搭配起来。

3.用铅笔画出脸部其他的细节，处理得非常自然，没有什么固定的形状束缚。加强轮廓的描绘，因为在上色阶段要能清楚地看到。这个裙装的下半部半身裙还未完成，因为这个部分要用刷子直接晕染，而铅笔线条会影响整个效果。

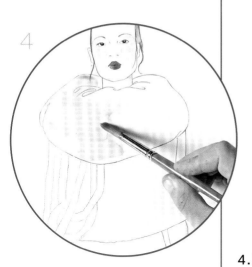

4.用棕色颜料和一个小号精细的圆头刷画出头发。用深红色画嘴唇，将颜料用水稀释到跟水的效果相近，然后画出衣服膨胀的领子，这次用中号圆头刷。用一点颜料然后加水涂开在纸上就够了，同样用这种稀释的颜色画出脸颊的部分。

5.在领子上的水彩还没干的时候，在上面涂上深红色和黄色，刷子要泡在颜料里完全蘸色。在潮湿的纸面上，颜色晕染开就会互相融合，形成一种不固定的轮廓和渲染层次。但是小心不要越过用铅笔画出的线条。用同样的方法做好画衣服的准备，先用水充分稀释红色颜料，然后画到模型上，让颜色浸入并使纸张湿润。

6.这一步跟前面的步骤一样，在之前预涂过还保持湿润的部分，再用红色和黄色涂抹衣服的右侧，在左侧加一些深红和棕色，这样色调的渐变就体现出来了，由浅到深，从橙色到棕红色，而且还能给模型打出阴影效果。左侧带子是用精细小号的圆头刷画的，如果你想让这一块的颜色更加清晰，只要等到红色图层干了即可。

7.现在来画半身裙的部分，重复之前的步骤，先用稀释的浅色颜料涂湿，半干的时候用小圆头刷蘸稍微稀释的红色颜料，画出一些粗略的线条。这时用同一个刷子再画一些交叉的线，表现出裙子材料的走向。

8.画这些粗略线条笔画的时候，不要让手停在纸上，每一笔的前臂移动一定要完整利落，当笔画较长的时候，这是控制笔画的好方法。

9.通过一步步的练习，看出这种绘画中使用颜料跟普通水彩的区别，这里的融色更加模糊化而且色彩更浓烈，色调的变化和差别也更少。

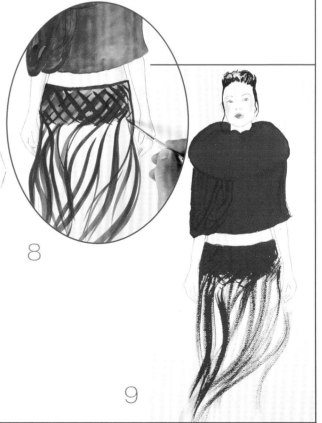

10

一些时尚绘画倾
向于用更多技巧
性的画法描绘出
细节，展示某一
种材料或材质。
这是避免混淆设
计师和工作室的
基本问题。

11

10.最终的图式比开始的素描多了很多内容，这对设计师来说
很有意义。这样的素描不应该列入考虑范围之内，因为它们只
是设计过程中的一部分，而没有展现更多的内容。现在整个服
装的呈现更加清晰了。然而，还需要给图式加一些技术性修饰
以及面料样品，因为这个裙子最终要怎么做出来，还是会有这
样的疑问。如果想要领子在设计中有形状和体积，材料及填充
品的选择是最基本的问题。

11.设计师埃丝特·罗萨斯在
这个设计的基础上制出成衣。
它清晰地反映出水母的样子，
在图片中你可以欣赏最终的
结果，半身裙是用针织材料做
的，里面搭配裤子。

参考书目

• Chuter, A. J. *Introduction to Clothing Production Management*. Blackwell Publishing, USA, 2001
• Drudi, Elisabetta and Paci, Tiziana. *Figure Drawing for Fashion Design*. The Pepin Press, Amsterdam, 2001
• Entwistle, Joanne. *The Fashioned Body: Fashion, Dress and Modern Social Theory*. Polity Press, Cambridge, 2000
• Gale, Colin. *Fashion and Textiles*. Berg Publishers, USA, 2004
• Jones, Sue Jenkyn. *Fashion Design*. Laurence King Publishing, London, 2005
• Kyoto Costume Institute. *Fashion History*. Taschen, Cologne and London, 2005
• Laver, James. *Costume and Fashion: a Concise History*. Thames & Hudson, USA, 2002
• López, Ana Maria. *Diseño de moda por ordenador*. Anaya Multimedia, Madrid, 2002
• Martinez Barreiro, Ana. *Mirar y hacerse mirar, la modaen las sociedades modernas*. Editorial Tecnos, 1998
• Pawlik, Johannes. *Theorie der Farbe. Eine Einführung in begriffliche de ästhetischen Farbenlehre*. Germany, 1979
• Seeling, Charlotte. *Fashion: the Century of the Designer*, 1900–1999. Konemann, Cologne, 2000
• Tatham, Carolina and Reaman, Julian. *Fashion Design Drawing Course*. Barron's Educational Series, New York, 2003
• Treptouw, Doris. *Inventando moda*. Emporio do livro, Brazil, 2003

致谢

We wish to thank the Catalan Fashion Institute, its students and ex-students for their valuable and active cooperation on this work, with special thanks to:
Adriana Zalacain, Álex Aragón, Anna Ferrater, Anna Vila, Anouk Puntel, Berta Sesé, David Dolader, David Aducci, Esther Rozas 'Yosolita', Gory de Palma, Irene Vilaseca, Isaac Andrés, Joana Juhé, Laura Bergas, Lola Cuello, Marta Marqués, Noemi Beltrán, Paloma Debatian, Sephora Andrade, Silvia Salaver, Tony Domínguez and Vanessa González.

Thanks to José Luis Sánchez for the hairdressing and make-up, and to the models, Olga and Cristina, for their patience and professionalism.

We also wish to express our sincere appreciation to other contributors whose work and know-how have gone into this book: Laura Fernández, María Botella, Manuel Albarrán, Rafa Mollar and Producciones Grunge.

Finally, we thank Parramón Publishing and particularly María Fernanda Canal for her support and involvement in every phase of this work.